天下文化
BELIEVE IN READING

與未來共榮

ESG 企業的思維與實踐

目 錄

6 序
以 ESG 成就產業發展／張善政

8 前言
創造有價值的 ESG 行動

14 第一部
開拓永續未來

16 從 EPS 到 ESG
不淨零，就淘汰

24 ESG 啟動企業成長動能
決戰永續競爭力

32 智慧低碳轉型
以永續創造經濟奇蹟

40 第二部
打造 ESG 企業

E 環境保護

42 3M 台灣
讓友善環境成為員工的 DNA

54 日月光半導體中壢廠
打造智慧化永續綠建築

66 日益能源科技
用潔淨能源守護綠色地球

78 源鮮農業生技
好農業是最好的醫生

90 滿庭芳床業
做一張舒適、環保的綠色床墊

S 社會責任

104 台達電子
打造讓員工實現自我的場域

116 台灣晶技
用照顧家人的心照顧員工

128 技嘉科技南平廠
多元賦能，為員工的人生增值

140 林口長庚醫院
期許落實醫療平權

152 運籌網通
向世界展現台灣軟實力

G 公司治理

164 上暘光學
突破常態才能掌握機會

176 大震企業
陪台灣走向淨零碳排的未來

188 和迅生命科學
新藥開發與獲利並進

202 美科科技
以科技推進美好生活

212 信通交通器材
青蛙也得學自由式

序

以 ESG 成就產業發展

張善政・桃園市市長

近幾年來，在國際政經情勢動盪、新冠肺炎疫情衝擊與強化 ESG 關注等趨勢之下，全球產業供應鏈重組成為現在進行式，不只為企業經營帶來重大挑戰，也成為像桃園一樣的工業大城，思考產業發展與轉型策略的重點之一。

我曾經在桃園工作多年，再加上中央政府任職的經驗，清楚知道桃園的產業升級必須緊扣城市發展的核心價值。正因如此，我在組織市府團隊時，即以超越一般地方政府格局的思維，提高來自企業界和學界的成員比例，並強化團隊對產業政策的共識，導入科技讓「智慧治理」成為產業轉型的動能，協助企業落實 ESG，建構以聯合國 SDGs 為主軸、世代宜居的桃園。

依循這樣的脈絡，非常善於找問題、提供解決方案的市府團隊，很快形成了以可信賴數據為基礎、方便隨時掌握數據與趨勢變動的「儀表板」管理，和以命題為核心的跨局處治理模式。譬如，成立新工業區時，若確認有兩萬人將進駐，便可據以推斷未來建商可能在附近的重劃區蓋多少住宅，再預估新興區域的教育及生活機能需求，進行增設中小學或其他相關規劃。

桃園是傳統的工業大城，依《獎勵投資條例》、《產業創新條例》報編完成的工業區共有35個，「2050淨零排放」的壓力迫在眉睫，為數眾多的中小企業擔心轉型、導入ESG之後成本飆漲，然而不轉型便可能有脫鏈、掉單的危機。

如何在經濟成長與永續之間尋找平衡點，一直是許多人心中的疑問。

在傾聽企業與民眾的聲音之外，我們也深切體認到，在產業升級的過程中，市府的角色定位至關重要，不只要擔任輔導者、管理者，同時也是企業與學界、其他公部門溝通及整合的平台。透過這樣的機制，引導、協助現有在地企業尋求相關資源，將永續轉骨的陣痛減至最低，在日常經營融入ESG，才能在國際產業的減碳浪潮中，維持長期競爭優勢，進而帶動地方產業升級。

另一方面，透過國際招商引進科技、設計與永續等「3個Plus十」相關技術與新興產業，組成不同風貌的智慧產業聚落，加速現有在地企業升級，是我對桃園未來發展規劃的另一項重點，藉此一步步在城市治理中落實低碳永續的精神，將桃園打造成國際化與科技化兼備的亞洲智慧新都。

本書以ESG為主軸，闡述15家「桃園市金牌企業卓越獎」得主的故事，我希望可以讓更多人了解，桃園市政府與企業如何攜手合作，充實自身軟、硬實力，落實永續經濟學，提升產業的國際競爭力，讓台灣與世界共榮共好的努力。這是我對市府團隊的期許，也是對市民的承諾。

前言

創造有價值的 ESG 行動

隨著全球氣候變遷情況愈來愈惡化，美國與歐盟即將對進口到境內的產品，開出碳關稅的第一槍，2023 年對於台灣企業實踐 ESG（Environment，環境保護；Social，社會責任；Governance，公司治理），有了關鍵性的意義。

更重要的是，永續不只是漂綠或減碳，因此從這一年開始，各家企業的永續長或 ESG 相關部門成為繼財務部門之後，與金融監督管理委員會（簡稱金管會）關係最密切的單位，每個人莫不上緊發條，迎接即將面臨的兩項新挑戰。

把挑戰變機會

面對永續浪潮，企業迎來的第一個挑戰，是金管會要求實收資本額達二十億元的上市櫃公司，開始編製並申報「永續報告書」；

第二個挑戰，則是金管會啟動「上市櫃公司永續發展路徑圖」，要求資本額百億元以上的上市櫃公司及鋼鐵、水泥業，必須進行碳盤查，並於 2024 年完成第三方查證與確證，且往後皆需要在企業年報中強制揭露，並逐步擴大至全體上市櫃公司及其子公司。

對上市櫃公司來說，ESG 無疑已是必走之路，但部分中小企業或許仍有疑問：不是上市櫃公司，更不是大企業，也要做 ESG 嗎？

「其實當 ESG 成為檢視企業因應氣候變遷、社會動盪等情況的重要依據，政府與企業都有責任共同投入永續發展倡議，」率先發表「2050 新版淨零路徑」的桃園市市長張善政強調，「這正是通過政府、學校與企業三方跨界合作，共同讓桃園在綠色經濟、社會公益和企業治理等方面更加提升，成為全台典範的好機會。」

不只要 EPS，還得顧 ESG

桃園擁有完整的產業聚落、近三兆元的工業產值位居全國第一，但「企業若想永續經營，不只要拚 EPS，還需要拚 ESG，」張善政說。

「永續通膨的高成本和對長期穩定獲利的追求，難免讓企業對落實 ESG 採取保守的觀望態度，」張善政直言不諱，但話鋒一轉便談到，隨著永續投資逐漸成為台灣資本市場監理單位重視的方向，希望透過市場機制鼓勵上市公司重視企業永續發展，「如果能夠藉此壓力驅使企業動起來，帶動企業轉型成功，後續噴發的經濟量能將不可小覷。」

「事實上，為了表揚企業全面實踐 ESG，『桃園市金牌企業卓越獎』早已在『智多星』、『愛地球』、『好福企』、『隱形冠』

及『新人王』等五大獎項的評分機制中，融入了 ESG 精神，」桃園市經濟發展局局長張誠補充說明。

甚至，他也進一步談到，即使是「智多星」、「隱形冠」及「新人王」等獎項，看似與 ESG 關聯較弱，但透過評分機制內含企業特色（公司治理、社會責任、參與社會公益之具體貢獻）、在地創生（投資故鄉、注重回應地方需求）與性別平等規劃（友善職場）等不同的項目，一方面呈現企業在 ESG 的表現，另一方面也讓企業有機會檢視自身不足之處。

將永續通膨轉化為企業紅利

「這些接受表揚的在地企業，都是代表桃園的優秀品牌，他們不只追求 EPS，更要落實 ESG，成為產業界的火車頭，形成擴散效應，鼓勵其他企業從坐而言認識 ESG，到起而行實踐 ESG，」張善政對於透過「桃園市金牌企業卓越獎」選拔活動，帶動桃園相關產業轉型、深化整體產業永續發展有很深的期許。

不僅如此，在過去印象中，常認為半導體業是高汙染產業，但在桃園卻看到了不一樣的風景。收錄於本書，獲得「桃園市金牌企業卓越獎」中「愛地球」獎項的日月光半導體公司中壢廠，在廠區導入各項節能、節水、減碳技術及設備，為基地內四棟廠房進行綠色改造，最後全數獲得綠建築的肯定，其中三棟亦同時獲得綠色工廠認證，成為生活、生產、生態三者並重的綠色科技智慧園區。

日月光的綠色行動更落實到廠區的每個角落，從製程、生活兩方面規劃節能減碳、減廢及廢棄物回收措施，水資源回收循環再利用也做得相當徹底，一滴水平均使用 3.4 次；另搭配新技術開發，試圖從廢棄物中尋找新生命，像是讓原本應該焚化處理的壓模膠華麗轉身成為透水磚，搖身一變而成建構海綿城市的助攻手，用實際行動證明低碳轉型的決心，宣示並鞏固半導體封測龍頭寶座。

同為「桃園市金牌企業卓越獎」得主的台達電子，也有令人耳目一新的做法。面對國際間開徵碳關稅、台灣碳交易所成立的碳費新時代來臨，台達不僅接軌國際永續趨勢，參加國際碳揭露專案（CDP）倡議「We Mean Business」，更進一步藉由自主節能減碳、太陽能自發自用，以及購買綠電或國際再生能源憑證三大策略，積極落實減碳，透過每個部門精細計算碳排、徵收碳費，將 ESG 的種子撒在集團每個角落。

地球暖化、氣候變遷，直接衝擊人類生活，喚起人們對與環境共生的重視，ESG 概念也在其中逐漸體現。圖為桃園市石門水庫清淤後畫面。

除此之外，台積電也是另一個例子。過去一年來，台積電在桃園南苑與北苑公園、大平山公園、平鎮運動公園等地植樹逾兩千棵，以造林的方式綠化、減碳，這樣以創新方式落實 ESG 的模式，值得其他企業效法。

產官學攜手共倡永續

以往談到 GDP（國內生產毛額）高度成長，鮮少關注地方需要付出的代價是什麼；隨著人們對於永續的重視，逐漸留意到高耗水、高耗能、高汙染等外部成本內部化的問題。

為落實永續綠能，桃園曾首開北台灣先例，在公墓建置光電案場。圖為新屋光電公墓示範案場。

不過，「為了企業獲利而犧牲民眾健康的說法並不公允，因為企業發展可能為地方帶來就業率，也會對地方建設有貢獻，」張善政強調，不應該以二分法來看待，而是應該思考「在桃園，什麼樣的企業應該鼓勵發展？什麼樣的企業應該協助轉型？」

目前，在桃園包括開南大學、中原大學等大專院校，已經開設「溫室氣體盤查」、「ESG 永續規劃」等相關培訓，培養碳盤查稽核員、ESG 報告書的撰寫及分析師等，並輔導學生取得相關國際證照，與市府團隊聯手，協助在地企業進行碳盤查、ESG 規劃等，邁向低碳永續轉型。

此外，為了強化企業綠色競爭力，桃園市政府也邀請專家學者組成「工廠低碳化輔導團」，規劃到廠現勘，提供節能、節水、綠建築等清淨能源或新能源技術改善建議及「溫室氣體自主盤查輔導」，引導企業以「2050 淨零碳排」為目標，從接軌國際減碳趨勢切入 ESG，逐步改變企業體質。

隨著國際間對碳排管控愈趨嚴格，無論在投資者抑或是金融監管單位眼中，企業若是忽視 ESG 實踐，極可能釀成隱藏性的財務、法律、監管或聲譽風暴，為永續經營埋下一顆不知何時引爆的地雷，進而為了要拆彈，形成一股「不得不做」的壓力。

這也意謂著日益限縮的條件限制，驅使企業動起來，深入了解環境保護、社會責任、公司治理三個面向的相關議題，將實踐 ESG 納入核心業務策略，確保永續投資得以健全、延續，帶動產業順利轉型，甚至進而將永續通膨轉化為企業紅利，創造更有價值的 ESG 行動。

（文／陳筱君・圖片提供／桃園市政府）

第一部

開拓永續未來

2004 年的聯合國報告，ESG 首次出現在世人眼中。

一連串的國際倡議行動，讓 ESG 日益受到關注，

成為驅動企業永續發展的關鍵指標，

也成為企業與國際對接的重要語言，

更成為各國政府的重要思維。

從 EPS 到 ESG

不淨零，就淘汰

氣候變遷減緩失敗，ESG 成為國際間的重要議題，
「淨零」、「碳交易」、「碳邊境調整機制」等關鍵字，
從 ESG 倡議舞台一躍而下，
成為全球政府與企業迫在眉睫的壓力。

根據世界經濟論壇（WEF）《2023 全球風險報告》警示，未來十年，「氣候變遷減緩失敗」將是全球經濟最大的威脅，「淨零」、「碳交易」、「碳邊境調整機制」（Carbon Border Adjustment Mechanism, CBAM）、「生物多樣性」及「金融監管」等關鍵字，成為各國政府、大型品牌商及整體供應鏈迫在眉睫的壓力。

要維持企業國際競爭力，唯有趁勢而起，掌握 ESG 轉骨契機。

2022 年，當包含美國、日本、英國、韓國及歐盟各國在內，全球超過 130 個國家，正在力拚 2050 年達成淨零排放目標之際，

矽谷指標科技企業 Google 已經邁開減碳的步伐，正式啟用一座融入創新永續元素的營運園區，希望在 2030 年之前，達成二十四小時全天候採用無碳能源維持營運，為科技業掀起一場綠色風暴。

科技業的綠色風暴

走進 Google 位於美國加州山景城（Mountain View）總部附近的灣景（Bay View）園區，帶有金屬質感、第一眼就讓人驚豔的「龍鱗」波浪屋頂，暗藏創能巧思。

一反傳統黑壓壓鋪成一片的設計，共計九萬片的啞光銀太陽能板，錯落有致的堆疊設計，不只具有科技感，更彷彿是鑽石的多角切面，以最大面積吸收炙熱的加州陽光，搭配儲能設備，每年創能約七兆瓦，供給園區 40%用電；除此之外，園區內也導入數位化管理、建置大片地熱系統，達到零水耗損和水資源正效益等各項永續措施，無碳能源使用的目標已達到近九成。

Google 如此，同樣具有市場領導地位的微軟也不遑多讓。

依據行政院環境保護署《溫室氣體盤查及登錄管理原則》說明，溫室氣體排放範疇，依其排放來源，可大致分為三類：範疇一，來自於製程或設施之直接排放；範疇二，來自外購電力、熱或蒸汽之能源利用間接排放；範疇三，不屬於自有或可支配控制之排放源所產生之排放，如：因租賃、委外業務、員工通勤等造成之其他間接排放。

而透過碳盤查、技術提升及再生能源採購等方式，微軟在全世界的成果，是於範疇一、範疇二減少了約 17%碳排放量，並在 2021 年的永續發展報告中明確提出行動目標，希望在 2030 年達到

「負碳排放、水資源正效益、零廢棄物」的里程碑。

與此同時，微軟為了抵消疫情期間隨著業務大量增長的範疇三碳排放量，投入大筆經費，支持綠色氫能、空氣碳捕捉技術、長期儲能技術和永續航空燃料等解決方案開發，並從氣候創新基金撥款，致力於減碳、碳清除技術發展和氣候解決方案，以善用水資源和減少廢棄物產生。

綠色採購帶動「難減碳」產業「脫碳」

隨著綠色風暴興起，Google、微軟、蘋果等各大品牌除了爭相加入由氣候組織（The Climate Group）與「碳揭露計畫」（Carbon Disclosure Project, CDP）所主導的 RE100 全球再生能源倡議，致力於減碳、改變用電市場之外，綠色採購也成為推波助瀾的力量。

譬如，Google 母公司 Alphabet 與微軟聯手響應美國總統拜登的綠色採購行動，加入於 2021 年發起的「先行者聯盟」（First Movers Coalition, FMC）。

截至 2023 年 5 月，先行者聯盟內共有蘋果公司、福特汽車、亞馬遜、波音等全球 82 家知名跨國企業及組織承諾，在 2030 年前共同投入一百二十億美元，協助八大「難減碳」領域產業——鋼鐵、水泥與混凝土、鋁、化學、航運、海運、貨運，以及二氧化碳移除技術（carbon dioxide removal, CDR）產業，發展創新潔淨技術。

細數前期加入先行者聯盟的 65 家跨國企業，總市值超過八兆美元，擁有強大的買家影響力。尤其，像是飛機製造商空中巴士，或船運龍頭馬士基（A.P. Møller–Mærsk），本身即屬於「難減碳」

的指標企業，當他們登高一呼，以實際行動投入綠色採購，除了有助企業及整體產業減碳技術提升，提早實現碳中和，也將帶動供應鏈的「脫碳」進程。

「2030」魔咒逼近

綜觀這些企業的自主行動不難發現，「氣候變遷」是探討 ESG 議題的重中之重，而數位應用及大數據分析更是落實 ESG 的關鍵。

為何如此？

ESG 世界公民數位治理基金會董事長陳春山建議，大型企業可以試者透過合資或協助減碳技術開發的模式，形成「以大帶小」的 ESG 正向循環，開創永續藍海商機。

ESG 世界公民數位治理基金會董事長陳春山給出了答案：「數位及永續孿生並進的『雙軸轉型』，已是強化國際競爭力的必要手段。」

距離本世紀結束還有七十多年，地球卻已經升溫攝氏 1.1 度，如果繼續放任下去，不僅《巴黎氣候協定》1.5 度之內的升溫控制承諾難以實現，估計全球在世紀末還可能將增溫 2.4 度。

目前，因極端氣候造成暴雨、暴風雪、乾旱、大火等天災的消息時有所聞，部分地區更進而導致瘟疫、農產歉收及糧食短缺等民生問題不斷，也加劇經濟動盪及國際政治不安，希望國際管控加嚴的倡議聲浪未曾停歇。

有鑑於此，陳春山提醒：「碳排大國和大企業承受的要求和翻轉壓力也會愈來愈大。」

這個趨勢，促使各大品牌商，舉凡 Google、微軟、蘋果、Meta 及 IBM 等科技業，或亞馬遜、IKEA 及沃爾瑪等零售業巨擘，都對供應鏈喊出「不淨零就淘汰」的強硬態度，決心在 2030 年達到供應鏈與產品 100%碳中和。然而，距離 2030 年，僅餘短短七年。身處供應鏈上的台灣廠商，準備好了嗎？

「說實話，相比過去推動 ISO 運動的熱度，我有點擔心……」長期耕耘產業界、推動 ESG 的台灣檢驗科技（SGS）前資深副總裁黃世忠語氣中略帶憂心。

目前大部分跨國企業的行動方案，僅納入範疇一、範疇二的內容，再加上落實碳盤查需要耗費大量人力、物力及成本，導致多數企業仍然抱持觀望態度，黃世忠分享自己的經驗：「過去我們常在企業家的聚會時，聽到彼此問候『ISO 做了沒？』；但是現在，即使已經火燒眉毛，台灣企業落實碳盤查的比例仍舊不高。」

不過，話鋒一轉，黃世忠認為，儘管如此，卻也不需要過於悲觀。因為，除了企業的自主行動，減緩氣候變遷更需要仰賴國際合作，每年的聯合國氣候峰會就是檢視成果、擬定行動方針及創造平台的場域。

碳關稅開徵加速碳盤查進度

聯合國對於會議決議並無強制力，但是部分共識仍因此形成國際與各國國內監管機制。以歐盟為例，即將在 2023 年 10 月試行、2027 年 1 月正式上路的碳邊境調整機制（Carbon Border Adjustment Mechanism, CBAM），也就是俗稱的「碳關稅」，要求未來被納入管制的產品，必須提出相對應的 CBAM 憑證，方能進口到歐盟，以避免廠商到碳排管制較鬆散的國家生產，之後再輸入歐盟，造成「碳洩漏」。

「這是從供應鏈著手，降低全球碳排放量的方法，之後美國和中國大陸也打算跟進，」陳春山指出，隨著各國碳費徵收制度日趨成熟、約束力道增強，也會開始強化彼此間制衡的機制。

歐盟碳關稅管制初期納入的五大高碳排產業：水泥、電力、肥料、鋼鐵、鋁業 248 項產品中，台灣輸歐即占了 212 項，出口總金額為新台幣兩百四十五億元，其中衝擊最大的為鋼鐵業，在過去幾年已然形成一波供應鏈上的「碳焦慮」，逼使與歐洲往來的企業不得不開始進行碳盤查。

再加上，《氣候變遷因應法》已通過三讀，台灣即將於 2024 年對碳排大戶開徵碳費；碳權交易所亦將於 2023 年第三季成立，因應子法通過即可上路進行碳權交易；此外，金管會也要求，所有上市櫃企業必須於 2027 年完成溫室氣體盤查，並於 2029 年之前取得第三方確證，企業的碳權交易將有所依據。

永續投資牽動金融秩序

行至此時，下一步，台灣該如何走？「仿效歐盟，針對進口台灣的產品設計碳關稅制度，一方面落實全球減碳，一方面降低台灣廠商出口價格衝擊……」業界逐漸有這類聲音傳出。

「各國金管會都是企業落實 ESG 的監管力量，」陳春山指出，「台灣自 2023 年起，要求企業實收資本額達二十億元的上市櫃公

台灣檢驗科技前資深副總裁黃世忠認為，企業自主行動和國際合作雙管齊下，是減緩氣候變遷的重要動力來源。

司，必須依據金管會準則編寫永續報告書；在美國，則是證券交易委員會（SEC）規定，上司公司必須揭露企業面臨的氣候風險。」

黃世忠以香港和新加坡為例指出，「當地金管局都是推動落實 ESG 的火車頭。」這兩個單位不僅要求企業與國際永續準則理事會（ISSB）連動，揭露符合國際永續準則理事會「一般性揭露」與「氣候相關資訊揭露」的 ESG 資訊，並且要求企業進一步揭露氣候變遷可能對企業造成的財務風險及因應措施，除了要符合永續會計準則委員會（SASB）的產業別及框架編寫，同時得納入氣候相關財務揭露工作小組（TCFD）的揭露建議；另外，針對特定行業則導入各項金融科技，確保企業永續數據可靠度及綠色金融秩序。

在監管及市場機制的雙軌運作下，金融機構或投資人也會將企業的 ESG 表現納入投資評比，包括：融資往來或發行債券、綠色金融商品等，成為另一股制衡的力量。

以當前情勢來看，「環境保護」顯然是 ESG 的核心議題，但「社會責任」和「公司治理」也不能偏廢，尤其公司治理更是一切的根本。「E、S、G，三者息息相關，董事會和獨立董事的功能非常重要，」陳春山強調，現在已經不是單打獨鬥的時代，「企業在強調獲利之外，還有責任讓員工、供應商及利害關係人願意一起奮戰、知道為何而戰。」

因此，陳春山認為，大型企業可以試著透過合資或協助減碳技術開發的模式，在供應鏈上負擔部分中小企業為落實 ESG 而需支出的龐大成本，接著再收購因此減少的碳，不只為自己取得碳權，也為供應商創造本業之外的獲益，形成「以大帶小」的 ESG 正向循環，塑造出具有台灣特色的 ESG 品牌，開創永續藍海商機。

（文／陳筱君．攝影／林衍億、黃鼎翔）

ESG 啟動企業成長動能

決戰永續競爭力

Eco Chic 消費思潮崛起，
延續至未來皆「可活」、「活得好」的勞動人權與社會正義漸被重視，
隨之而來的挑戰則是企業如何將「可活」替換成「獲利」，
進而讓永續投資轉換成競爭力。

「今天可活、明天可活，甚至明年、未來十年、百年，到了我們的下一代都可活，就是永續！」安侯永續發展顧問公司董事總經理黃正忠開宗明義，為「永續」（sustainability）下了一個簡單明瞭的注解。

談到「永續」之於企業，黃正忠用字精準犀利：「只要把『可活』替換成『獲利』，到下一代接班都有得賺，就是永續對企業最重要的意義。」

道理說起來淺顯易懂，但是要如何得到未來可活、有得賺的

能力？怎麼樣才能活出精采、賺得安心？初現於聯合國 2004 年的「Who Cares Wins」報告，直到近十年來在資本市場上風風火火的「ESG」相關議題，成為多數人公認的永續解方。

「『永續』的核心價值，不僅是英文字面上翻譯的可持續性，還必須要有因應未來挑戰的發展性，像是氣候變遷、貴金屬稀缺、資源分配不均、社會不正義導致的衝突加深等問題均亟待解決，這些都是企業經營必須面對的社會與環境外部成本，」黃正忠強調。

他進一步解釋：「開一家公司之後，就像童話故事一樣，王子與公主從此過著幸福快樂的日子嗎？其實不然，因為真正面對柴、米、油、鹽、醬、醋、茶，一分一毫都要斤斤計較的日子才要開始。」

面對現實的挑戰，部分企業經營者為了在年終交出一張漂亮的損益表，選擇「短視近利」，以添加化學材料、降低勞動環境與條件標準、大量使用石油或天然氣能源等方式，設法壓低成本；有些企業甚至有違誠信經營，引起環保、勞資、人權、資源濫用等爭議事件。

這些綜合因素，加劇了極端氣候影響，帶來洪災與乾旱，造成生命與財產的損失，成為企業隱形的外部環境成本，它們無法顯示在損益表上，卻是由整體社會共同承擔。

接軌國際潮流

當部分企業開始警覺，每一分外部成本的耗損，都將在未來轉換成更多實質成本時，ESG 才逐漸成為顯學；而隨著各級團體與國際組織的倡議，掀起一波波的永續浪潮，來自相關金融、環境與社

對於何謂「永續」，安侯永續發展顧問公司董事總經理黃正忠認為，其核心價值除了字面上的「可持續性」，還必須要有因應未來挑戰的「發展性」。

經監管單位的壓力日益加深，致使金融機構與投資人也開始將 ESG 納入評估企業表現的重要指標之一。

主辦「TCSA 台灣企業永續獎」的中華民國無任所大使、台灣永續能源研究基金會董事長簡又新，從 2007 年開始致力奔走於產業間，推廣永續概念，並於隔年舉辦第一屆「台灣企業永續報告獎」，希望強化推動效果。

「那時候企業普遍認為，追求永續僅是倡議者反覆唱著高調的道德勸說，股東只關心 EPS，大部分人也不清楚 ESG 是什麼，」簡又新回想當年僅有 16 家企業報名參賽的窘境，「我們一家一家去跑、鼓勵他們來報名，但是那時候 ESG 倡議剛起，相關規範和法條均不完整，我們沒有鞭子、只有胡蘿蔔，願意在公關部門底下撥出五百萬元預算做環保的企業，就算當時的優等生了。」

最後，在考量綜合 ESG 表現之下，台灣首次以企業永續為主軸的獎項，區分為製造業和非製造業兩大類別，選出聯電、友達、群創、大同、中鼎工程、中華電信等 6 家企業加以表揚，成為台灣多數企業思考及邁向永續轉型的濫觴。

而歷經持續鼓勵推廣，台灣愈來愈多將觸角深入國際、與全球做生意的企業，尤其是與國際資本市場及經濟脈動高度連動的科技與金融業，紛紛成立永續專責部門，甚至設立「永續長」（Chief Sustainability Officer, CSO）一職，整合回應企業面臨的溫室氣體盤查、環境保護、製程改善、勞動環境、勞資和諧與公司治理等 ESG 相關議題。

永續長成跨國企業標配

「企業必須有一位跟所有 CXO 同等級的主管，統籌回應來自不同領域、內外關係人關注的訊號，」曾經協助宏碁於 2008 年發布第一本企業責任報告書，並在同年率全台之先成立永續辦公室、創設「永續長」職位的黃正忠，提到專責的重要性。

「ESG 不是單一面向或某個部門的議題，每個部門都有重要職掌與 ESG 串接，」黃正忠表示，企業內外人人都與 ESG 密不可分，例如：做品牌行銷時，ESG 會成為與客戶合作的主軸；技術或開發部門要思考，如何以更少資源創造更高價值，開發節能、節水、環保等創新製程或替代材料使用。

「不創新不能活，」簡又新的說法更加直接，強調「創新」是永續的必要條件。

因應這樣的趨勢，在企業組織中，永續長必須成為高階經營管理團隊一員，並且需要熟悉各部門落實 ESG 可能面臨的挑戰，由上而下架構並打通永續轉型的任督二脈，讓各種聲音能夠充分地由下而上傳達，以永續部門為平台，將 ESG 基因埋入公司的經營管理，形成企業文化與創新動能，進而滲透到研發、製程，最終反映到產品上。

以理念和價值吸引消費者買單

台灣企業永續轉型之路走了十多年，轉型成功的企業從對永續概念模糊到認識、買單、強化治理、發展創新技術的過程，需要大量成本投入，與股東和員工充分溝通、取得共識，而企業決策者是否具備永續的前瞻思維，更是影響轉型成敗的重要關鍵。

以零碳美妝品橫掃國內外發明及美妝獎項的髮妝品牌歐萊德，就是很好的例子，更是中小型企業永續轉型的代表。

自 2006 年起，歐萊德創辦人葛望平便全面啟動綠色永續創新計畫，透過材料選擇與技術創新，從上游供應鏈到末端消費，皆朝向「零碳」、「無毒」、「限塑」的目標前進。

終於，在所有人都還在摸索永續概念時，歐萊德開發出零碳洗髮精，並順利上架；將相思樹與咖啡樹種子裝入可 100%生物分解的洗髮精瓶中，成為「瓶中樹」，不僅創造行銷話題，更率先成為達到碳中和的美妝業，即使價格比一般同級商品高，消費者也因為認同企業的永續理念及產品價值而買單，更因此連續三年受邀代表亞洲中小企業，登上聯合國氣候峰會講台進行經驗分享，也曾獲得

台灣永續能源研究基金會董事長簡又新強調，「創新」是永續的必要條件。

「桃園市金牌企業卓越獎」中「愛地球」項目的肯定。

多元解方商機無限

另外一間得以連續十五年進入聯合國氣候峰會殿堂的台灣企業，則是全球最大交換式電源供應器廠商——台達電子。

2004 年，台達發出的一篇新聞稿曾引起全台轟動，內容是鄭崇華排除萬難，從美國引進全台首部油電混合車。一般人看熱鬧，或許覺得那是企業家炫富之舉，但看門道的產業媒體卻從中觀察到市場訊號。

一方面，鄭崇華希望透過看得見、摸得著的實體車，潛移默化傳達永續與環保的理念；另一方面，則是看好油電車的發展趨勢，藉此刺激業界提升研發技術，為台灣油電車產業鏈發展創造利基。

台達將這樣的模式套用在許多永續解方的開發，並從中嗅到商機，藉此發展出多元化的業務，也將許多主管培養成永續大使，投身更多本業之外的珊瑚復育、偏鄉照顧等環保與社會工作；與此同時，也因致力於創建友善職場的永續韌性，而獲得「桃園市金牌企業卓越獎」中的「好福企」獎項。藉由融合這些元素，進而形成另一種企業落實 ESG 的典範。

掌握 ECO CHIC 消費趨勢

隨著環保議題抬頭，消費市場興起一種名為 Eco Chic（環保精緻感）的生活美學，又進一步讓永續與創新投資轉化成為一門好生意，成為企業的一大利基。

以近年來深度布局永續藍海的宏碁為例，旗下 Vero 系列產品，包含筆記型電腦與桌上型電腦、顯示器及周邊產品等，即是利用消費後回收塑料（post-consumer recycled material, PCR）、可回收包材及海廢回收塑膠製成，並且持續在每一代產品開發過程中，逐步提升 PCR 材質使用比例及耐用度，最新一代筆記型電腦產品 PCR 使用已高達 40%。

這種做法，打破了過去消費者認為回收材料製品較為脆弱的既定印象；也因為產品銷售全球，製程中必須挑戰各國的廢棄物自然分解能力限制，以免環保電腦報廢之後，反而造成當地更大的環境負擔，又讓企業的技術能力向上提升。

譬如，因為長期深耕永續解決方案開發，培養出「倚天酷碁」

與「宏碁智新」兩隻以環保為核心的小金虎，得以跨足智慧交通及生活家電產品，推出電動輔助自行車及空氣清淨機，聯手其他非電腦事業群組成集團內的小虎隊，合計營收約占集團總營收三成，為企業永續轉型見證。

台灣中小企業創新動能值得期待

Gogoro 創立至今僅十二年，就讓獨占台灣機車市場幾十年的陽字輩車廠，全體投入電動機車市場；正如同第一輛特斯拉橫空出世之後，所有百年車廠也不得不跟上開發電動車的腳步。這兩間企業，一開始均非一般人認知的大型或跨國企業，可見永續創新動能只要獲得消費者肯定，即使是微型企業，也有機會轉型成功。

甚至，黃正忠認為，這是台灣永續轉型的轉機：「世界正處於石油經濟退場、新能源經濟登場的轉捩點，台灣中小企業反應快、韌性強，而永續轉型將可能是一場持續六、七十年的循環，尤其像歐萊德、興采集團和佳龍科技這些中型企業的創新發明能力，都很值得期待。」

展望未來，黃正忠鼓勵企業繼續朝向無所不用其極的減碳、百分之百使用綠電、以植物和農業為基底的新材料運用等方向創新，從這些地方做為切入點，「現在開始進行永續轉型工程，一點也不嫌晚！」

（文／陳筱君・攝影／林衍億、蔡孝如）

智慧低碳轉型

以永續創造經濟奇蹟

全台五百大製造業，三成落腳桃園，
近三兆元的工業產值更高居全台之冠，
如何落實 ESG，將永續轉化為企業價值，
成為桃園產業轉型的重要挑戰。

做為攸關台灣經濟命脈的工業大城，全台製造業前五百大企業，超過三成位於桃園，整體工業產值將近三兆元，位居全國之冠；不過，與此同時，伴隨經濟紅利而來的工業溫室氣體排放量，也占了全市總排放量七成。

然而，桃園的城市發展軌跡卻與其他工業蓬勃發展的城市大相逕庭。

在工業溫室氣體排放量為大宗的現實下，桃園逆勢成為台灣首先符合聯合國推動「奔向淨零」（Race to Zero）倡議的城市，各

項亮眼的永續指標成為桃園的驕傲，「這是因為我們把企業經營的概念融入城市治理，讓 ESG 在桃園落地生根，」桃園市市長張善政表示。

當國際脫碳運動如火如荼展開之際，人們也必須思考 ESG 之於永續的關聯性，才能擬定有效的策略。桃園市政府經濟發展局局長張誠提到，聯合國於 1987 年倡議「永續」之時，大家才開始正視環境保護對於人類發展的重要性，這時社會才出現對「E」（Environment，環境保護）的探討，也就是企業在謀取自身最大利益時，必須一併考量地球的最大利益。

依照這個脈絡，企業或政府探討環境保護議題時，也無法忽略「社會責任」（S, Social）與「公司治理」（G, Governance）。

「『S』讓企業成員有向心力，而『G』除了代表公司治理之外，也可以轉化為政府透明度，」張誠提出他的觀察：「『S』加上『G』就等於『品牌經營』，品牌經營成功的話，可以為產品加值、有效增強客戶忠誠度，也更容易達成企業擴張，產生永續的正向循環。」

張誠認為，這就是英國金融與日本工藝產業能夠屹立不搖，擁有許多百年企業的主要原因，也正是企業追求永續的最佳範例。

從製造思維轉換成品牌塑造

深究這些百年企業的成功祕訣，可以得知品牌經營是一個「堆疊」的過程，「如果將永續導入這個過程，就能從『善』這個核心概念，成就不同的價值，」張誠認為，以行銷的角度來說，就是從一項產品或事件出發，感染目標客群，並經由擴張效應形成連鎖反應，獲得轉推薦的行銷能量。

以曾經獲得「桃園市金牌企業卓越獎」中「愛地球」獎項的興采實業為例，他們在傳統高碳排的紡織產業導入綠色製程，將生產過程可能產生的有害物質及廢棄物、碳排放量降到最低，還靠著自行開發的環保科技咖啡紗在國際市場攻城掠地，外銷歐美，打入 Nike、Timberland、The North Face 等 110 家國際知名品牌供應鏈。

不僅如此，興采更進一步從材料供應商跨入消費端，與知名品牌推出聯名品牌，將布品標籤繡在衣服上，以 B2B2C 的行銷模式，擴大消費者端的知名度，建立品牌識別，成為企業轉型的典範。

桃園市政府經濟發展局局長張誠指出，品牌經營是戰略，ESG 則是戰術，透過「金牌企業」的選拔加持，能讓製造業轉型走到終端消費，透過品牌加值賺取更豐厚的利潤。

桃園市政府在樹立典範的過程中，也尋找專家、學者組成顧問團，輔導業者檢視需要補強的部分。因此，張誠認為，「其實『金牌企業』的選拔，可說是政府背書，以公信力強化消費者對品牌的信任。」

甚至，張誠進一步解釋：「品牌經營是戰略，ESG 則是戰術，我們希望企業轉型的型態之一，就是透過『金牌企業』的選拔加持，讓製造業走到終端消費，不要只賺代工微利，而是營造消費品牌，透過品牌加值賺取更豐厚的利潤。」

產業轉型，加入脫煤者聯盟

過去如同桃園這般有 35 個工業區的城市，或許能夠創造不錯的產值，但在刻板印象中，也將是一處高耗水、高耗能、高汙染的「三高」產業聚落——儘管為地方帶來就業機會及建設資本，犧牲的卻是城市環境與居民健康。

「所以我們必須讓企業認知到『永續』對於經營的重要性，引導他們以 ESG 為手段，循序漸進轉型，朝向低汙染、低耗能、低用水及高附加價值的方向發展，達成『低碳製造』的目標，」張誠認為，「讓企業看見未來，就會繼續投資，創造城市的就業機會，形成都市前進的原動力。」

正因如此，2050 淨零排放的壓力，勢必要由政府與企業共同承擔。「我們希望更積極地減少工業碳排，預計未來將以 60%固體再生燃料和 40%天然氣或電能取代燃煤，達成 2030 年脫煤、減碳 50%的目標，」張善政說出自己的目標，也強調帶領企業轉型、共同加入「脫煤者聯盟」，是政府不可推卻的責任。

實踐永續生活是一項無法停止前進的工程，「張市長希望讓桃園未來的經濟發展動能充滿科技含量，因此推動產業數位轉型、建構淨零碳排科技園區就成為經發局下一階段的工作重點，」張誠說，數位轉型的核心概念是「智慧」，也就是透過智慧製造及智慧化企業經營，建構「工業 4.0」產業及生活模式。

張誠進一步解釋：「過去大家常常把『智慧製造』跟自動化畫上等號，其實這兩者不完全相等，自動化強調流程管理，智慧製造的重點則是透過巨量資料（Big Data），找出最佳解決方案或模式，把產品或服務不良率降到最低。」

然而，無論是升級智慧製造或導入 ESG，都將與近年來產業界熱議的「永續通膨」息息相關，尤其台灣是以中小企業為主的經濟型態，這筆沉重的負擔，往往讓企業即使知道那是必須要走的路，卻猶豫不前。

落實碳盤查，拚淨零排放

「這確實是企業轉型的現實考驗，」但張誠在理解之餘，仍舊強調：「No ESG, no money!」

張誠指出，目前企業碳盤查大概只能掌握「範疇一」和「範疇二」，但是隨著國際趨勢，已經有愈來愈多國際品牌嚴格要求清楚盤出「範疇三」的產品碳足跡，除了從原料開採到消費者購買產品、使用期間的碳排放必須清楚計算之外，就連產品報廢及回收過程所產生的碳排也必須納入。

所謂碳盤查，是指把溫室氣體排放源分成三大範疇：範疇一，直接排放，例如：來自製程、廠房設施、交通工具等的排放；範疇二，能源間接排放，例如：由於使用電力、熱或蒸氣等能源的排放；範疇三，其他非屬企業自有或可控制排放源產生之間接排放，例如：員工通勤或商務差旅、委外業務、廢棄物處理等，上、下游供應鏈管理及消費端管理產生的排放皆包含在內。

事實上，這個趨勢，在一些市場顧問公司的調查中，也可看出端倪。譬如，勤業眾信風險管理諮詢公司在 2023 年 7 月發布的新聞資料便指出，永續採購、永續供應鏈管理已成為企業永續發展的關鍵，而《全球採購長調查》更指出「增強企業 ESG 控管能力」僅次於「提高營運效率」，躍升為企業優先關注議題；安侯永續發展顧問公司董事總經理黃正忠也曾在媒體上談到：「政府、企業及

因應國際節能減碳趨勢，桃園開展能源戰略布局，架設於龍潭警察分局屋頂的太陽光電設備，便是其中一例。

藉由落實 ESG，採用創新技術、推動企業轉型，桃園正朝著發展綠色經濟與環境永續的願景前進。

民眾正面臨減碳轉型的挑戰與轉機。」而面對淨零轉型帶來的高成本壓力，企業必須轉換心態，將永續實踐視為一種「投資」。

「除了讓中小企業了解國際現實之外，我們也會透過『產業智慧製造升級轉型輔導委託專業服務案』，成立由專家、學者主導的輔導團，協助中小企業向中央申請各項相關補助款，減輕企業負擔，加速智慧製造及數位轉型的進程，」張誠說。

產官合作，以永續推升經濟

台灣預計在 2024 年開徵碳費，身為工業大城，桃園應該如何是好？這個問題，也成為一些桃園或其他城市企業關心的焦點。

一方面，經發局從行政院超徵的五十億元稅收統籌分配款中撥出經費，在首年以兩千五百萬元預算進行輔導，引導業者進行智慧化及低碳化轉型；另一方面，透過企業減碳、落實 ESG 行動，也能引導創新、發展新技術，刺激新興產業誕生。張誠直言，「這也正是目前預計於航空城內保留 95 公頃土地做為『桃園淨零碳排科技園區』的原因。」

按照規劃，園區將先行做好汙水、廢氣等排放管線及淨零碳排相關建設，並以新能源、減碳、碳匯相關產業為主軸進行招商，預計將讓符合規範的印刷電路板（PCB）業者先行進駐園區，並引進研發脫碳技術的新創公司，以科技、智慧導入的方式，協助園區業者透過植樹、再生能源運用或新興的碳捕捉（碳匯）等方式，達到碳中和的標準。

綜觀桃園產業發展，存在不少隱形冠軍，目前大都進入二代接班的時機。面對新時代的挑戰，做為這座城市的大家長，張善政指出，企業想要走得遠，藉著落實 ESG，趁勢完成創新技術、企業轉型，翻轉整體產業面貌，不只能順利度過接班危機，也能成為桃園經濟再次起飛，向上噴發的動力。

（文／陳筱君・攝影／黃鼎翔・圖片提供／桃園市政府、Shutterstock）

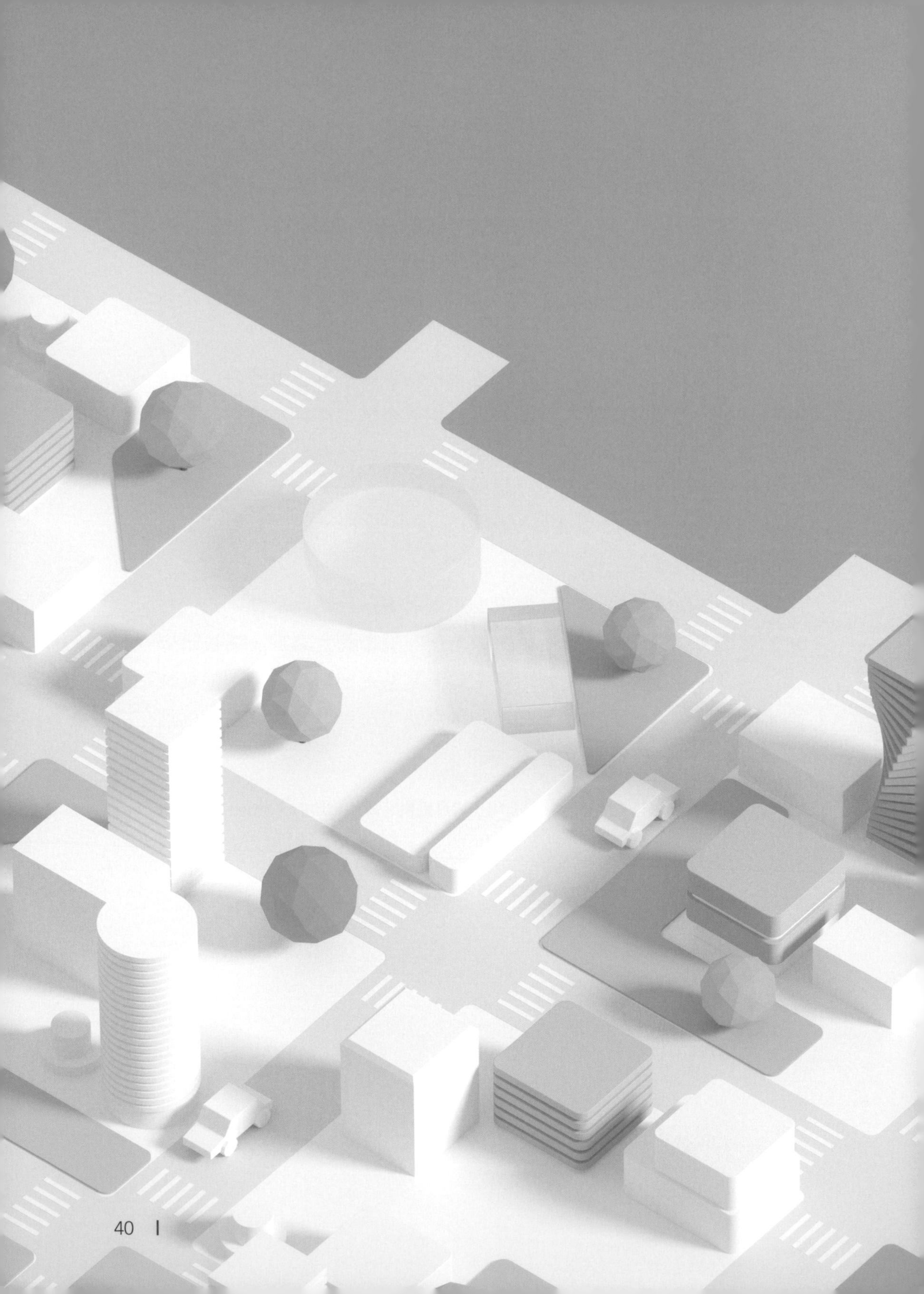

第二部

打造ESG企業

ESG 永續投資已經成為全球共識，

實踐淨零碳排、落實社會責任、優化經營管理，

永續經營議題逐漸成為影響企業決策的關鍵。

除了自家落實友善環境的工作，3M 台灣更進一步，推動合作夥伴或外部企業一起環保愛地球。左四為 3M 台灣總廠長姜泰吉。

3M 台灣

讓友善環境成為員工的 DNA

基於科學應該要讓生活更美好的信念，
3M 在產品開發過程中，
堅持不為追求便利而犧牲地球永續，
讓友善環境的理念深植員工心中。

有著「3M」紅色標誌的產品遍及你我生活周遭，小自辦公室的黃色便利貼、口罩、汽車隔熱貼紙，大到玻璃帷幕大樓的隔熱貼紙，甚至在天上飛行，有著日本可愛卡通圖案貼紙的彩繪飛機，生活中高達數萬種產品來自 3M（美國明尼蘇達礦業製造公司）。而在商品開發的過程中，3M 鼓勵員工腦力激盪，不僅要創新，還要做到在生產中減少耗材，因為人類本就不應為了追求生活更便利而犧牲環境。

3M 已有超過百年的歷史，總部位於美國明尼蘇達州，在全球開發了近六萬種產品，在台灣銷售的產品則超過三萬種。

1970 年代，美國政府重視環境保護政策，將空氣汙染與水汙染視為犯罪行為，3M 總公司於是成立環境工程與汙染控制單位，制訂內部環保方案，如：「汙染防治有回報計畫」（Pollution Prevention Pays, 3P），並擴及海外子公司。

3P 指的是以預防方式達到汙染減量，在產品生產前以改良製程和重新設計設備，並透過廢料回收再利用的方式，達成汙染防治的目標，而非在汙染產生後才著手補救。

從源頭減少汙染

1969 年，美商 3M 在台灣成立 3M 子公司（簡稱 3M 台灣）。秉持母公司環保愛地球的理念，3M 台灣也在 1975 年即推行「汙染防治有回報計畫」，總廠長姜泰吉指出，從源頭管理有很多面向可以切入，例如：製造流程、設備改造或加大回收物比例等。

以 3M 台灣楊梅廠的膠帶生產線為例，因為從源頭改善產品設計，經過五、六年時間，減少溶劑量從 60%到 40%，後端的排放也因此減少。

另一個例子，是工廠端在冷卻機台時需要冰水主機，但冰水主機相當耗電，在 2021 年至 2022 年間，廠方投資新台幣五百萬元，進行全場所有冰水主機的管理整合及汰換，在統計完各產線用水量後，便可以智慧變頻控制，根據產線開機量來調配冰水主機開機的數量，達到冰機效率及能源利用最大化，大幅改善耗電的狀況。

「從實施智能變頻控制冰水主機後，每年約可節省 30 萬度電量，」姜泰吉指出，3P 計畫自推行以來，世界各地具有創意的 3M

員工們，已執行六千八百件以上的汙染解決方案，自 1990 年起至今，減少溫室氣體排放達 54%。

如何從源頭減少汙染？站在第一線的員工最清楚。至於如何讓持續改善成為員工的 DNA，則有賴於管理階層的鼓勵與回報。

「沒有最好，只有更好！」這是 3M 人常掛在嘴邊的一句話，但它不僅只是一句好記的口號，更是要透過制度化管理，讓各種想法付諸行動。因此，3M 台灣在約十年前成立精實改善專案，近兩年來更擴大組織規模，進一步成立「持續改善部門」。

姜泰吉舉例，基層員工在其工作範圍內，如果發現一些能隨手做環保的事項，便可記錄在黃卡上，往上提報。若是單一組別可以處理者，該單位主管決定即可；若涉及跨組織或跨部門，就會在持續改善部門下，以專案共同商討解決之道，最終提到美國總部。

「這是為了鼓勵員工在工作場域中，隨時隨地看到可以改善的地方，就寫到黃卡上，」姜泰吉說明，員工提出的改善黃卡會被記錄到電腦系統中追蹤管理，如果一定期間內未能改善，系統便會通知提醒。

建立制度，讓改善方案落地

「持續改善並非只是口號，而是實際落地，」姜泰吉強調，基

> “以環境友善為目標，減少公司處理廢棄物的費用、增加材料使用率，不僅提高公司獲益，員工也有正向的回饋，最後就能形成良性循環。”
>
> ——3M 台灣總廠長姜泰吉

層員工提出需要改善的地方，公司一定要有回應，員工才會持續提出改善意見。

他舉例談到，像是操作員在裁切封箱膠帶時，發現損料過多，向上提出改善需求，最後獲得改善裁切台機器尺寸等解決方案，一來可以減少廢邊垃圾，二來提升膠帶的使用面積。

看起來簡單，實則不然。

第一線員工看到問題並提出改善方案之後，主管就要成立專案，跨部門討論如何改善，但專案牽涉到的不僅是台灣工廠，而是3M 全球約 150 間工廠。

姜泰吉解釋，3M 台灣的原物料是由美國進口，而裁切台機器

3M 台灣總廠長姜泰吉認為，管理者的態度相當重要，若能鼓勵員工提出改善方案，並落地實行，將可形成公司與員工間的良性循環。

尺寸的調整，牽涉到原物料尺寸、刀片間距，乃至員工操作方式等，整套流程都必須配合調整，必須向總部提出需求，可說是「牽一髮而動全身」。

不過，這個小小的發想，透過跨組織的改善方案，最終獲得總公司的支持，促成 3M 全球工廠的機台調整尺寸，達到環保的目標，同時提升效益。這個由下而上促成改變的成果，讓姜泰吉頗感驕傲。

「管理者的態度相當重要，他們在前端鼓勵第一線員工提出問題及改善方案，讓員工可以獲得實質獎勵，例如：累積點數購買自己想要的商品，員工才會更有創意、更樂於提出建議，」姜泰吉強調，以環境友善為目標，減少公司處理廢棄物的費用、增加材料使用率，不僅提高公司獲益，員工也有正向的回饋，最後就能形成良性循環。

循環經濟在供應鏈發酵

除了自己落實友善環境的工作，3M 台灣更進一步，帶動合作夥伴或外部企業一起推動環保愛地球。

例如，送塑膠包材給客戶時，希望對方協助回收，讓他們清潔後再使用。以往，客戶會考量這些做法可能會增加人力成本，並未接受 3M 的提議，直接以廢棄物處理；後來，隨著環保意識抬頭，也看到 3M 對環保的用心，客戶開始接受 3M 的要求，有些客戶甚至主動提出回收利用的方式。

另外，從廢木箱變成影印紙的循環經濟案例，近年在 3M 台灣楊梅廠區發生。

影印紙相當便宜，辦公室通常是無痛使用，但當友善環境內化成為一種 DNA 時，便有同仁開始思考：如何可以在不改變大家習慣的情況下，更環保地使用影印紙？

解決方案出現了——何不把廠區的廢木箱再回收利用？於是從 2022 年開始，3M 台灣楊梅廠區啟動廢木箱再利用的資源回收專案計畫。

姜泰吉解釋，台灣廠區生產的光學膜或特殊膠帶屬於先進薄膜，這些精密的高階材料，很多都是在美國原廠生產後，以空運或海運運送到台灣的 3M 工廠，在運輸過程中需格外小心，因此採用高級的北美杉木與松木製成的木箱加以保護。

以前，3M 台灣每年產生的大型廢木箱高達 700 公噸，由於體積大、尺寸特殊，不易回收，最終的歸宿便是焚化爐，頗為浪費；現在，厚重的廢木箱搖身一變，成為輕薄的紙張。

姜泰吉指出，3M 台灣楊梅廠與本地紙漿公司合作，紙漿公司回收廢棄木箱後，經過一連串處理，廢材變成有環保標章的回收紙，再送回 3M 辦公室及廠區使用，若使用後仍有廢紙，便再回收給紙漿業者處理，可說是將「循環再利用」發揮得淋漓盡致。

雙認證綠建築展現環保決心

包羅萬象的 3M 產品，很多是從客戶需求而開發出來的創新商品。為了讓客戶體驗產品，必須要有一個場域，像是應用在高速公路上綠色告示牌的鑽石級反光貼紙，在不同距離下都能讓高速行駛中的駕駛看得一清二楚，但如何實際測試給客戶看？

除了要有一個創新技術中心激發客戶需求而創新產品，也要能

3M 全球創新技術中心首座綠建築，也是獲得內政部「鑽石級」和美國「領先能源與環境設計」（LEED）雙認證的綠建築。

提供體驗，而這個場域同樣必須符合 3M 的環保節能要求。

2011 年，「3M 創新技術中心」在楊梅廠動土興建；兩年後，2013 年，這座耗資約兩億四千餘萬元的綠建築正式開幕，它不僅是 3M 全球創新技術中心首座綠建築，更是獲得內政部「鑽石級」和美國「領先能源與環境設計」（LEED）雙認證的綠建築。

創新技術中心外型以大量白色為主體，再搭配 3M 醒目的紅色，在藍天下更為醒目，「這座綠建築的存在，也能時刻提醒員工公司追求環保節能的用心，」姜泰吉補充指出，做為 3M 第一棟雙認證的綠建築，除了向客戶介紹旗下產品，也希望藉此展現 3M 共享、共好的理念，讓供應鏈夥伴了解。

內部設計方面，中心內有一個足以容納三百人的大會議室，為了符合綠建築設計，裝設了一個超大的浮力通風塔，利用上層熱空氣上升的原理，牽引戶外冷空氣被帶進下層，形成自然對流，有通風效果，當溫度差愈大，空氣的循環與冷卻效果愈有效，避免室內裝設過多空調，減少耗能。

讓永續融入生活

「我們是一家『做』比『說』更多的公司，」在 3M 台灣服務十六年的姜泰吉感觸極深，他細數公司如何在每一年不斷推行與累積各種永續方案。

早在 2012 年開始，響應桃園縣政府（現升格為市，下同）環保局「低碳飲食」運動，3M 台灣調整每個星期員工餐廳的菜單，選擇在地食材以減少食物里程，並減少肉類比例，以低糖、低碳、低油方式烹煮，讓員工從生活中落實節能減碳，「用吃也可以解救地球暖化」。以楊梅廠區八百位員工推估計算，執行低碳飲食運動一整年，可以減碳 177 公噸，不僅降低碳排量，也照顧當地農民。

此外，水資源對地球的重要性，許多人早已耳熟能詳，在台灣更是一項重要議題，3M 台灣也從 2010 年起，跟桃園縣政府合作舉辦「百年水學堂」活動，希望讓水資源教育從小扎根，並提供配套教材給老師，活動持續五年之久，讓教育可以延伸到生活。

2021 年，3M 台灣走進台東長濱鄉，推廣永續與科學教育，可惜因疫情影響中斷下鄉，改為線上活動；隨著近來疫情緩和，2023 年 5 月，3M 台灣邀請偏鄉小朋友到創新技術中心參觀，實地了解環保綠建築的概念，以及科學與科技如何影響生活。

開發更多愛地球產品

台灣地狹人稠，資源缺乏，國人對於環境保護與永續議題更加用心關切並付諸行動。

行之有年的 3M 全球「科學狀態指數調查」（State of Science Index, SOSI），在 2023 年首度將台灣納入研究對象，調查結果發現，國人對於永續議題的關注度高於全球平均。

譬如，有高達 92%台灣人相信，科學可以幫助減少氣候變遷的影響，且相較於全球平均的 82%，有高達 91%的台灣人擔心全

> “綠建築的存在，
> 可以時刻提醒員工公司追求環保節能的用心。”
>
> ——3M 台灣總廠長姜泰吉

球暖化會導致人們流離失所，其中最擔心的氣候異常狀況是地震（95%對全球 79%）；再者，認為運輸業應該使用更永續的運輸方式方面，台灣的比例（93%）高於全球平均（89%）。此外，台灣人對於永續建築材料或新技術的接受度也較高，例如，41%的國人相信對抗自然災害的建築材料，全球平均則為 36%。

像是 3M 開發出可以使用在建築物玻璃上的隔熱膜，就是一個對環境友善的創新產品。根據 3M 內部統計，一般建物以六平方公尺面積計算，貼上這個隔熱膜，一年可省下 162 度電，相當於減少 81 公斤的碳排放，如果更多家戶使用，自然可以減少更多碳排放。

不僅如此，姜泰吉又以 3M 台灣開發的裝潢貼膜為例談到，這項產品可以客製化圖案，且在任何建材上都能非常服貼，但更重要的是，它在裝潢過程具有低噪音、低汙染的特性，較傳統的木材或石材裝潢省下 70%至 80%的碳排放，同時還能減少高達 95%的廢邊與廢料。

「你用得到或看得到的 3M 產品，表面上是鮮紅色，骨子裡是代表環保的綠色，因為，我們從方方面面都在為環保節能盡一份心力，」姜泰吉自信地說。

（文／林惠君・攝影／黃鼎翔）

ESG 實踐心法

3M 台灣從流程、設備改造與加大回收比例等面向，多管齊下從源頭減少對環境的汙染，創新技術中心更成為全球 3M 第一個獲得台灣鑽石級與美國 LEED 雙認證的綠建築，諸多表現讓 3M 台灣楊梅廠再度獲得「桃園市金牌企業卓越獎」中「愛地球」獎項的肯定。而為了實踐 ESG，3M 台灣在環境保護面向做到了：

1 移植美國總公司的「汙染防治有回報計畫」（Pollution Prevention Pays, 3P），在台落地生根，連續執行超過四十餘年，落實從源頭減少汙染。

2 由上而下、由下而上並進，先是由領導階層建立重視永續的理念，進而鼓勵員工參與，由下而上提出改善方案，並透過電腦列管追蹤，激發全員將企業環保永續當成自己的事，並在日常生產流程中落實。

3 引進創新技術，開發更多有助減少碳排的產品。

日月光半導體以永續為目標，實施綠色製造、低碳轉型計畫，2050 年全面淨零。
左三為日月光半導體中壢廠資深副總經理沈文智。

日月光半導體中壢廠

打造智慧化永續綠建築

全球封測龍頭廠區中，竟然隱藏著一座生態花園？
在科學分析與決策藝術之間權衡，
將舊廠區大改裝，透過水資源及廢棄物循環利用，
永續綠建築不再遙不可及。

一柵之隔以外，是鎮日喧囂不停、車水馬龍的台一線，然而彎進日月光半導體製造（簡稱日月光）位於中壢工業區的廠區後，所有吵雜的聲音，似乎都被眼前這座綠意盎然的生態園區完全吸收，化為一片寧靜。

午休時分，只見員工三三兩兩來到這座被稱為「日月光花園」的生態園區散步，圍繞著生態池的花園草木扶疏、蝶舞翩翩，還能聽到蟲鳴鳥叫，身處其中好不愜意。

這座生態池以自然保育的概念來維護，起建之初即在池邊使用

卵石築成護岸，營造多孔隙的生物生存環境，周圍覆以原土，形成適合生物棲息的人工小島，並種植原生植物，形成完整的生態鏈，生物多樣性極佳。

日月光中壢廠資深副總經理沈文智指著飛過生態池面的白鷺鷥說：「我們這裡不只有這些白鷺鷥出沒，也有黑冠麻鷺寄居此處，近期更有喜鵲前來築巢，這些水鳥帶來的好兆頭，讓同仁們都很期待有更多動物到訪。」

「更重要的是，我們的生態池兼具雨水回收功能，」沈文智略帶驕傲地介紹，「我們以『海綿城市』的概念來打造園區，鋪設大量透水磚，除了兩座雨水回收池，另外在馬路下方也建造了大型隱藏式滯洪池，將雨水儲存起來，之後再用來澆灌花園中的花草樹木，循環用水，一點都不浪費。」

廢棄物回收再製成好物

所謂海綿城市，是一種以自然生態系統為藍圖的城市防洪減災規劃，通過建立雨水收集系統、濕地、人工湖泊及滯洪池等措施，涵養及淨化都市的水資源，除了可以降低淹水風險，也減輕對自然水源的需求，而依照這個概念興建的建築，在設計、建造過程中便已將節能、減廢和資源利用效率列入考量，譬如隱藏式滯洪池，便是一項減廢、回收、再利用的環保新技術。

日月光中壢廠的隱藏式滯洪池摒棄了傳統常用的混凝土工法，改採大量回收聚丙烯製成的雨水積磚工法組成滲透貯留槽，只要小面積開挖，就能將有效儲水空間從 65%至 70%間提升到 95%，也因此可以減少廢棄土方產生、節省施作成本與時間；且相較於混凝土槽一經破壞便無法使用，雨水積磚可開挖取出、重複使用的再利用性高，也更落實了永續的概念。

「更重要的是，雨水積磚上層道路覆蓋的透水磚原料，來自我們 IC 封裝製程產生的廢壓膜膠，」日月光中壢廠廠務處資深處長邱文榮提到開發的經過，「為了要達到零掩埋，保護晶片的壓膜膠這類高熱質化的製程廢棄物，早期大多採取焚化處理，但是容易造成嚴重的碳排汙染，所以我們希望能找到更友善環境的回收方法，達成循環經濟再利用。」

解決之道，是在本地尋找協力廠商合作。從 2019 年開始，日月光便與台泥共同開發新技術，利用廢壓膜膠含有高於 70%二氧化

日月光半導體中壢廠的生態池以自然保育的概念來維護，生物多樣性極佳，是員工休憩的好去處。

矽的特質，將其研磨後添加至土木工程建築業最常選用、適用範圍最廣的波特蘭水泥內，做為主原料之一——二氧化矽的重要來源。

其後，在桃園市政府、經濟部工業局、環保署、工業技術研究院（簡稱工研院）的媒合與協助之下，技術又再精進，透過分離、再生技術，提煉出白色的球形二氧化矽，不僅可用來做為基地保水、雨水回收再利用的透水磚原料，達成水資源循環利用，還可以做成飾品、還原成新的封裝材料，真正落實循環經濟。

除了廢壓膜膠，包括：塑膠類、包晶圓用的鋁箔袋等高熱質廢棄物，也都放棄焚化方式，「我們發展出將塑膠膜、紙、鋁箔等至少三層以上不同物質分離的技術，分別回收循環利用，」沈文智談到，其他還有許多例子，像是廢有機溶劑，日月光也把它回收精煉，可以重新使用，也能做為氣電工廠的發電燃料；又或者像是廢水回收系統的濾芯，同樣經過分離處理，裡面的活性炭可以活化再利用、塑膠則重製成塑膠粒……，「這樣施行一輪，整體廢棄物再利用率達 88%。」

除了廢棄物零掩埋之外，沈文智自豪地笑道：「我們連生活垃圾也不放過，目前只剩不到 10%仍採焚化處理，未來希望朝向廢棄物零焚化努力。」

每滴水至少要用 3.4 次

關於水資源循環，日月光做的，不只有雨水回收再利用，而是要連製程中產生的有機廢水都可以回收。

台灣山高水急，再加上近年來氣候變遷造成極端氣候影響，颱風大多在台灣外海轉彎，導致夏季降雨有限，春雨也不如預期，水情多次亮起紅燈，桃園甚至曾在 2020 年遇上百年大旱，對於需要高度用水的半導體產業影響甚巨。

「日月光很早就感受到這股缺水危機，因此，我們透過掌握水資訊、有效節流、適時調度等方法，在中壢廠區積極推動綠色水資源管理，輔以重大用水設備的檢視、評估與改善，達到水資源管理、風險盤點及需求優化，」沈文智說，實施的結果，讓企業水資源利用效率逐步提升，還在 2022 年通過 ISO 46001 水資源效率管理系統驗證。

「我們透過『放流水回收系統』減少工業用水，每月提供約 12 萬公噸回收放流水供製程使用，每月又可再回收 6 萬公噸製程廢水，」沈文智強調，日月光一直持續精進製程節水方案及水回收技術，希望增加回收水及減少用水，「截至 2023 年上半年，中壢廠已經做到每滴水平均使用 3.4 次之後才會排放，整體水回收率達 80%。」

正因面臨多次嚴峻水情考驗，日月光中壢廠透過管理指標建立、統一整合可持續發展的水資源設施、中水（不直接接觸人體的再生水）回收廠擴建，以及空調冷卻水塔補水回收再利用等方式，如今八成製程用水都是使用經處理過的回收再生水。

嚴格的水管理策略，不僅讓日月光度過用水短缺帶來的營運衝擊，還聲名遠播，讓新加坡水公司來台取經，學習如何將回收水做

“企業以落實 ESG 為手段追求永續已是必然趨勢。”
——日月光半導體中壢廠資深副總經理沈文智

嚴格的水管理策略，日月光半導體中壢廠已經做到每滴水平均使用 3.4 次之後才會排放，整體水回收率達 80%。

為廁所沖洗用水等水資源循環使用的方式。

「就連員工也被影響了，」沈文智說，他們回到家中，開始教小孩一起收集生活廢水，回收再利用，例如：以洗手水做澆灌水、用洗米水拖地，六口之家一期水費只要兩、三百元，又進一步影響到社區其他住戶也跟著效法，一起加入省水運動。

精算數據，舊廠改建綠建築

有效保水之外，對於每天置身其中的廠房，日月光更不會輕易放手。

「目前日月光中壢廠四棟廠房已全數取得台灣綠建築標章，兩棟為黃金級綠建築，另外兩棟分別為鑽石級與銀級綠建築，而獲得銀級綠建築認證的廠房，實際上是由兩棟取得美國綠建築 LEED 金級認證的廠房組成；不僅如此，基地內的這四棟廠房，目前已有三棟獲得綠色工廠認證，」沈文智表示，綠建築比一般建築成本約多了 10%，綠色工廠成本也比一般工廠來得高，但「我們的目標，是希望明（2024）年能夠讓全部的廠房都拿到綠色工廠認證。」

然而，這些建於 2002 年的舊建築，興建之初並非依循綠建築、綠色工廠的概念規劃，現在要「穿著衣服改衣服」，挑戰相當高，甚至必須放棄客觀數據顯示的「最佳方案」。

沈文智舉例談到，當初在規劃廠區內再生能源使用的時候，曾考慮風力發電、冷凝水回收、熱回收、熱泵使用等方式，尤其因為廠區內各棟建築物自然形成的風場條件極佳，若設置小型風力發電廠，發電與減碳效益都很高。

然而，數據分析是科學，如何決策卻是一門藝術。

「風扇設備運作產生的低頻噪音會讓人不太舒服，長期下來對住戶生活舒適度的干擾頗大，」沈文智指著廠區四周的住家及幼兒園嘆口氣表示，這種情況不符合日月光的睦鄰政策，因此捨棄了效益最佳的風力發電，改以其他節能方式替代。

除此之外，為了以 LED 燈、節能轉動馬達、冰水主機等節能設備替換高耗能設備，這些少則兩、三千萬元，多則上億元的預算規劃與執行，也相當具有挑戰性。

日月光半導體風險管理暨環境安全衛生處處長袁崇松表示，在所有設備更新計畫提出之前，同仁都必須精算每一個相關數字，掌握精準的投資報酬率，提出數據說服會計相關單位，「就像我們都知道，家裡換裝變頻冷氣會比較省電，但究竟要多支出多少費用？會省下多少電？是不是划算？這些都必須要詳細計算，無法用想當然耳的方式來執行。」

另外，一般認證時限大多為五年，但是市場瞬息萬變，廠區可能因為設備升級而重新規劃，導致指標項目變動而失分，必須找其他方法補回積分。

沈文智以目前已經消失的屋頂花園為例說明：「約莫是 2018 年到 2019 年左右，因為廠房設備更新，必須將原有設備移至頂樓，所以必須移除頂樓植栽，但我們想到極端氣候造成的暴雨或乾旱，靈機一動，就決定配合生態池打造隱藏式雨水積磚滯洪池，並且在上面鋪上透水磚與草坪，一部分做成馬路和停車場，來換取失分。」

打造黃金級綠建築智慧工廠

走過舊建築改裝的挑戰，新廠區登場，讓日月光有了更大的揮灑空間。2022 年，日月光在距離中壢廠車程三分鐘的中壢工業區，斥資三百億元打造第二園區，規劃之初即以「自動化工廠」、「智慧建築」及「綠建築／低碳建築」三個面向進行整體設計。

「第二園區是以銀級綠建築及智慧建築規格建造，另外透過製程回收水系統、中水回收系統及雨水儲集槽，完工後所有水資源初步規劃將達到三次以上循環利用，」沈文智描繪新廠房的建設藍圖，「在設計上也隱藏許多綠色巧思，例如：選擇坐南朝北的方位，西曬少、用電省；玻璃帷幕以格柵裝飾，類似家裡裝設的百葉窗，可以透過自然光調節室內光源，達到節電效果；採用爐石粉替代水泥建構鋼筋混凝土，降低建築過程中二氧化碳的產生量。」

「新廠房可說是超級聰明、有智慧！」沈文智說明如何將智慧建築設計理念導入廠房建設，「就是讓廠房內的高精密儀器、設備，緊密串連智慧監控、智慧儀控、安全儀控與消防監控等智慧設施，成為『智慧廠房』，而其中最重要的關鍵就是即時化。」

以智慧監控取代人力巡檢之後，只要一個人坐鎮中控室，若因火警、地震、淹水、供氣等造成系統異常，中控系統會同步接收到訊號，即刻以自動模式關閉相對應的廠務系統，等待留守人員進行後續處理；空調也可以依據室外溫度自動調溫，不需要人為手動調控，更重要的是將能源及碳排管控與減量納入智慧系統，以最精簡的人力，對員工與廠房提供最全面性的照護。

「這個廠區將以生產高階產品為主，」沈文智表示，相較於將舊廠房改成自動化工廠的事倍功半，新廠房可以完全重新設計、規劃，透過智慧製造、以 AI 技術取代人工，從物料進場到產品出場皆採自動化控制，提高產品良率。

低碳轉型維持優勢競爭地位

日月光從 2015 年開始，以永續為目標，實施綠色製造、低碳轉型計畫，目前碳密集已經達到減少 20%的里程碑，預計在 2030 年要達到絕對減碳 35%，2050 年則要全面淨零。

為了準確達標，除了在製程、環境上下功夫，沈文智提到，工程師們絞盡腦汁，就連新產品的設計，也要在成本之內盡量朝向輕、薄、短、小的外觀努力，讓原料用料少、產品壽命長，就連要報廢的邊角料或廢棄品都要可以回收，將資源最大化，才符合永續的定義。

此外，為了讓同仁更加認識永續的內涵，日月光中壢廠也會不定期邀請外部專家到場開設講座、進行教育訓練，包括：氣候變遷、節能減碳、國際倡議中的碳管理機制、碳費徵收等。「我們發現，過去還是宣導性質，但是現在員工愈來愈關心這樣的議題，不只每次辦理講座參與度很高，會後也會留下來跟講師進一步探討，」袁崇松欣慰地說。

然而，企業追求永續不只有環境保護，還有社會責任與公司治理等面向的指標要努力，以落實 ESG 為手段追求永續已是必然趨勢，「就算因此造成成本上升都得做，我們只能想辦法把生產成本壓下來，回饋到 ESG，不可能停下來，不做 ESG、不轉型，」沈文智表示，這不僅是企業責任，也是目前接單的必要條件，「現在客戶也要求我們拿出 ESG 的成績，所以我們一定要比客戶走得更前面，一直做下去，才能與國際接軌，以愛地球的心，維持在供應鏈上的優勢地位。」

（文／陳筱君．攝影／蔡孝如）

ESG 實踐心法

日月光中壢廠在節能、減碳、減廢及廢棄物回收等不同面向，嚴格執行各項措施，達成「零掩埋」、「廢棄物再利用率達 88%」、「一滴水使用 3.4 次」、「廠房全數通過綠建築認證」等目標，也因此獲得了 2022 年「桃園市金牌企業卓越獎」中「愛地球」獎項的肯定。而為了實踐 ESG，日月光中壢廠在環境保護面向做到了：

1　持續規劃產業廢棄物再利用專案，如：原本投入焚化爐處理的壓模膠，轉化為水泥添加料或變為透水地磚的資源化產品，為廢棄物找到新生命，達成更有效的循環利用。

2　打造生活、生產、生態三者並重的綠色科技智慧園區，目前基地內的四棟廠房已全數取得台灣綠建築標章，其中三棟亦已取得綠色工廠證書。而廠內日月光花園中已形成小小生態圈，其中的生態池結合廠區的雨水回收系統及隱藏式滯洪池，建構出「海綿廠區」，將水資源做最有效的循環利用。

3　於 2022 年通過 ISO 46001 水資源效率管理系統驗證，透過水資源回收系統有效減少工業用水，每月提供約 12 萬公噸回收放流水供製程使用，兼可再回收 6 萬公噸製程廢水，整體水回收率達 80%。

日益能源科技執行長畢婉蘋從醫療業轉身投入綠能產業，推動可再生能源，希望藉由創造更好的永續環境，幫助更多人擁有美好生活。

日益能源科技

用潔淨能源守護綠色地球

做為光電業的後起之秀，
日益能源科技除了自己投入再生能源，
更協助台灣中小企業進行能源轉型，
共同守護綠色地球。

總是陽光閃耀的南台灣，在府城的安平區，由上往下俯瞰，在一畦又一畦的魚塭旁，有一棟白色建築物特別醒目，周遭有幾棟狹長型的建物，屋頂是太陽能板，還有充電樁與太陽能路燈，這是一家獲得無數建築獎的民宿，更是一家綠色旅宿的典範。

場景來到中台灣的烏日高鐵特區，同樣是充滿「熱力」的城市，一家歐式外型的建物，屋頂鋪滿太陽能板，這是全台最大的綠色婚宴會館，去（2022）年一整年的發電量為 120 萬 1,792 度，一年約可減少 1 萬 522 公噸碳排量、約造林 1,063 公頃吸碳量。

這些，都是位於桃園的日益能源科技公司為顧客量身打造的綠色屋頂，提供整合太陽能系統上、中、下游一條龍的建置，客製太陽能建置計畫，目前全台已有將近 200 個案場，總共建置超過 300MWp（千峰瓩，峰瓩是太陽電池於標準日照條件下發電輸出的計算單位）電力。

從救人到救地球

說起日益能源，最令外界印象深刻的就是執行長畢婉蘋。留著長髮，穿著套裝，人如其名的溫婉，講話也是輕輕柔柔，在以男性為主體的光電產業，有如萬綠叢中一點紅。

事實上，畢婉蘋的專業和光電產業也扯不上關係。

畢婉蘋是長庚大學職能治療學系畢業，曾擔任職能治療師，而後在國內外攻讀碩博士學位。七、八年前，畢婉蘋的先生蔡忠志（現任日益能源董事長）看好國內太陽能光電產業，再加上出身白手起家創立紡織廠的家族，彷彿是血液裡的基因忍不住跳動般，讓他也萌生創業夢想，在 2015 年創辦日益能源。

創業後，蔡忠志曾鼓勵畢婉蘋一起加入，但剛開始畢婉蘋沒有答應。原因很簡單——她對綠能一竅不通，而且已經花了四年多的時間攻讀博士學位，如果要全心投入，勢必要放棄博士學位，先前

> “學醫可以幫助病人恢復健康，
> 推動可再生能源則是創造更好的永續環境。”
> ——日益能源科技董事長蔡忠志

投入的心血形同白費。

一時之間，畢婉蘋陷入兩難。但丈夫的一席話，打動了她。

蔡忠志對她說：「學醫可以幫助病人恢復健康，推動可再生能源則是創造更好的永續環境，在前期預防人類生病，幫助更多人免於病痛，還能讓地球免於生病，這樣的幫助豈不更廣、更全面？」

投入醫療業，畢婉蘋在臨床上頂多救治上千個病患，但若能為台灣創造更多潔淨能源，讓後代子孫享有乾淨的空氣、地球不再持續暖化，能夠幫助到的是千千萬萬人。

這樣的體悟，促使畢婉蘋開始研究台灣的能源結構，這也才發現台灣的電力系統竟然高達八成為火力發電。火力發電是否確為造成民眾肺部疾病的主因雖尚未有定論，但這樣的數據，已足以促使她毅然投入綠能產業。

曾被無視，靠專業與熱情堅持

太陽能光電產業鏈的結構是上游開發、中游與下游是 EPC（設計、採購、施工，亦稱統包工程）及維護營運，日益能源則擁有從上游到下游的綠電系統整合能力，包括：上游的土地使用權利與開發許可、中游的 EPC 工程建置，到案場完成後的維運管理，全部一手包辦。

公司業務如此龐雜，夫妻倆從創業之初執掌便各有所司。曾在世界第一的半導體設備商任職的蔡忠志，了解太陽能原料來源及產品技術，也曾創立公司外銷太陽能矽片及電池片，擁有原料產品專業，因此負責對內的技術管理，對外業務、提案及談判則由畢婉蘋負責。

不過，「從事光電產業，如果自己不懂或不了解，被騙是自己活該，所以我要深入了解這個產業，對內、對外才能獲得信任，」抱持這樣的心態，畢婉蘋發揮攻讀博士班的刻苦精神，舉凡發電設計、土地開發、設廠規劃等專業，她一一報名相關課程，設法達到深入了解。

「班上只有我一位女學生，」畢婉蘋笑著說，最後她學會了接電、配電等工程學，對複雜的光電與風電產業從陌生到熟稔，也更有能力實踐對於品質的堅持。

譬如，「我們對原料的選用跟把關很有經驗，」畢婉蘋舉例談到，原料可能為 A 規格、B 規格，A+ 或 A- 等不同等級，其他廠商可能為了節省成本而在原料選擇中做手腳，甚至私改物料清單表（BOM），日益能源則是憑藉專業，嚴格把關材料品質。

然而，儘管學會十八般武藝，卻遇到非技術門檻。

傳統上，像工程公司或整地土方的單位，老闆們不太跟女性打交道，也不認為女性會懂這些硬邦邦的工程，直覺心生排斥，畢婉蘋曾在現場遇到被男性瞧不起的經驗。

不過，她並未因此退縮，而是積極設法解決，譬如，牽涉土木工程的事務，便由擁有豐富營造經驗的男性專業經理人陪同，與工程或整地單位開會，她同時也會提出自己的專業見解，讓那些老闆不再抱持「女性完全不懂」的刻板印象，讓工程順利進行。

把綠能變成好生意

曾經投入太陽能原料外銷事業，讓蔡忠志對歐洲市場頗為嫻熟，也讓日益能源在創立未久，即成為歐洲第一大太陽能模組廠

（上）掌握綠能技術與經驗後，日益能源科技選擇多樣化發展，舉凡學校、工廠、民宿、婚宴會館，都可以看到該公司的身影，圖為新北市金美國小太陽能板屋頂。
（下）日益能源科技協助台康日能，規劃建置太陽光電系統，圖為彰化萬興四放滯洪池之水面型太陽光電系統。

REC 集團的台灣代理商。這個成果，對日益能源無疑是一大喜訊，但更重要的是，歐洲光電產業發展較早且技術領先，透過這次合作，日益能源得以學習 REC 的經驗，可謂一舉兩得。

此後，日益能源又跟德國變流器大廠 SMA 開啟合作夥伴關係，並積極與這兩大歐洲夥伴交流辦理產品研討會，透過廠商專業技術人員的教導解說，增進日益能源員工對產品及先進技術的認知與了解，確保能提供轉換效率更高、做到更全面且優質的綠能光電系統。

在掌握綠能技術與經驗之後，做為市場後進者，日益能源選擇多樣化發展，舉凡學校、工廠、民宿、婚宴會館，再到中台灣最大物流屋頂，從陸地到滯洪池，甚至漁塭及儲能電廠，都可以看到日益能源的身影。

畢婉蘋舉例談到，像是中國貨櫃運輸公司，為了響應台中港能源發展政策，委託日益能源於台中港區貨櫃物流倉屋頂，打造中台灣最大物流倉屋頂型太陽能光電，已於 2020 年年底啟用，2022 年一整年的發電量達到 182 萬 6,138 度；而為了鼓勵其他企業朝向綠色企業邁進，日益能源也在港口閒置區域建立一座示範型太陽能光電停車棚。

另一個例子，是日益能源協助康舒科技子公司台康日能規劃建置三個縣市、五個滯洪池的太陽能光電系統，共計占地 130 公頃，

> “ 每個人都有權決定自己使用的電力來源，
> 若改變自己，使用再生能源，
> 就可以影響世界的未來。 ”
>
> —— 日益能源科技執行長畢婉蘋

發電總量達到 65.5MW（百萬瓦），其中嘉義縣中埔鄉公館浮力式太陽能光電電廠已正式啟用，是台糖公司釋出十座滯洪池招標建置案中，第一座邁入商業運轉的大型太陽光電廠，也是全台灣最大量體的一地多用光電滯洪池中，第一個商轉的水面型電廠，減少 5 萬 8,169 公噸碳排量，約造林 5,876 公頃吸碳量。

協助中小企業能源轉型

蔡忠志與畢婉蘋夫婦努力推廣再生能源，並且把視野擴大，除了實際開發、設計規劃與興建光電廠外，更引進國際再生能源憑證交易平台系統，以及國際綠色能源倡議，全方位協助台灣中小企業進行能源轉型及減碳路徑，甚至邁向 RE100。

RE100 指的是「100％再生能源」，是由氣候組織（The Climate Group）及碳揭露計畫（Carbon Disclosure Project, CDP）所提出的國際再生能源倡議。加入 RE100 的會員，必須公開承諾，於 2050 年前階段性達成 100%再生能源目標，並提報逐年使用綠電的進程。

畢婉蘋談到，台灣有很多「隱形冠軍」，公司名氣或許沒有台積電等科技業者高，卻在產業界扮演重要角色，只是缺乏相關資源，不知如何著手。

她舉例，像是代工美國知名戶外品牌 Patagonia 的菁華工業，由於戶外品牌重視環境保護，菁華工業很早就知道環保的重要性，後來便是透過日益能源協助，建置全廠區屋頂太陽能系統，於 2020 年成功加入 RE100，成為台灣暨台積電後第六家 RE100 企業，更是亞洲第一家加入 RE100 的紡織業；同年，日益能源又協助菁華工業越南廠率先達成 RE100，後續經由台灣綠電應用協會（TAGET）輔導，如今菁華工業更已朝向碳中和的目標邁進。

推廣再生能源，改變世界的未來

除了菁華工業，佐見啦生技也在日益能源的協助之下，加入 RE100。

佐見啦生技是生產知名面膜品牌「提提研」的廠商，不僅產品使用無毒物汙染原料，也關注全球變遷與綠電發展。在透過日益能源進入 RE100 後，未來將規劃建置太陽能光電，搭配再生能源憑證，完成電力轉型，以達到 2030 年承諾目標。

值得一提的是，能源轉型的成功，也成為提提研拓展國際市場的利基。提提研是從法國紅回國內的台灣品牌，卻始終難以攻克美國市場，但是在成為全球第一家加入 RE100 的面膜生產公司之後，順利打入美國最大的連鎖百貨市場。

「其實，與佐見啦生技的合作，除了商業考量，更重要的是雙方對於循環經濟與再生能源等相關議題的理念一拍即合，」畢婉蘋指出，輔導中小企業加入 RE100，是希望改變中小企業對所謂「綠色通膨」的顧慮，同時也對他們的訂單提升有所幫助，「我們在推廣一個理念：每個人都有權決定自己使用的電力來源，若改變自己，使用再生能源，就可以影響世界的未來。」

更進一步，由於企業對綠電的需求成長可期，但目前供需之間的落差及智慧獨立電錶尚未普及，造成需電者恐無法獲得足夠量能，日益能源也將再生能源憑證交易列入協助中小企業能源轉型的另一個選項。

像是日益能源引進 T-RECs.ai 交易平台，這是亞洲唯一具有區塊鏈技術的國際認證再生能源憑證交易平台，提供全球各地的憑證持有人在線上進行銷售交易，更可利用 REC 編碼取得憑證來源的詳細資訊。

目前，日益能源已成功協助中美晶菲律賓太陽能發電廠取得再生能源憑證認證，也與國際知名銀行進行再生能源憑證交易。

漁電共生，創新綠電應用

建置太陽能光電設施，除了躉售台電或供給自家工廠設備用電外，日益能源將光電產業與其他產業進行媒合，甚至成立漁業管理公司，從事漁電共生發展。

畢婉蘋談到，日益能源在嘉義縣東石鄉鰲鼓南側地段建置了漁電共生的光電廠，面積約 1.6 公頃，以「養殖為主，光電為輔」，讓綠電應用更加多元，符合環境要求，在維持當地漁業原有價值的前提下，增進售電收益、活化土地及產業，已於 2023 年 5 月完工，並於 6 月 1 日正式掛錶啟用，此案同時獲得中華民國養殖漁業發展協會建置室內水產養殖生產設施（須結合屋頂型太陽能光電設施）的計畫補助。

不過，綠電的發展也有隱憂。

在國內，綠色能源中以太陽能光電的發電量占比最高，而隨著太陽光電裝置量增加，未來光電板廢棄回收恐怕是另一個問題。

根據環保署預估，2023 年每年廢棄的太陽能板將超過 1 萬公噸，2035 年則會突破 10 萬公噸。

不過，畢婉蘋並不擔心這個問題。她指出，為了處理未來將大量出現的廢棄光電板，政府自 2019 年起，要求設置業者、民眾只要申設太陽能板，就要預繳模組回收費用，每瓩（相當於1,000瓦）一千元，且每片模組都有編號列管，若不繳費，政府可廢止光電設備的同意或登記。

再者，廢棄太陽能板有 98%可回收再利用，只是現在量體尚未大到有業者去專門回收處理，等到未來量體變大，就會有業者回收再利用，因此，畢婉蘋認為，「廢棄太陽能板的處理不至於造成另一個環境汙染問題。」

再生能源與淨零碳排已是國際趨勢，台灣政府也已宣布，再生能源發電占比預計在 2025 年達到 20%的政策目標，日益能源也因這樣的趨勢，規劃短、中、長期目標，例如：短期目標，除了建置太陽能廠，也將拓展充電樁及儲能電廠、風力發電、碳盤查管理系統等；中期目標則是預計一年內完成公開發行及上市櫃，並拓展海外據點；至於長期目標，則是跨足其他再生能源及碳交易市場等。

「企業存在就是要創造利潤，」畢婉蘋感性地說，「身處在『讓地球更好』的企業，又可以營利，是一件令人感到開心與幸運的事！」至於未來的目標，是「一人一陽光屋頂，為地球降溫兩度，」她最後堅定地喊出這個願景。

（文／林惠君・攝影／賴永祥・圖片提供／日益能源科技）

ESG 實踐心法

日益能源科技公司於 2015 年成立，是一家年輕的能源公司，協助客戶進行能源轉型，打造綠色屋頂，並輔導客戶加入 RE100，獲得「桃園市金牌企業卓越獎」的「新人王」獎項。而為了實踐 ESG，日益能源在環境保護面向做到了：

1 整合太陽能系統上、中、下游一條龍的建置，為客戶提供量身訂做太陽能建置計畫，在全國北、中、南各地已有將近 200 個案場。

2 推廣亞洲唯一具有國際認證的國際再生能源憑證買賣交易平台。

3 協助客戶符合及達成 RE100，完成減碳目標及能源轉型。

源鮮農業生技創辦人暨董事長蔡文清積極推動「從源頭就新鮮」的概念，並將這份健康事業推廣到國際，讓更多人重視自己的健康飲食。

源鮮農業生技

好農業是最好的醫生

所謂藥食同源、醫食同根，
每個人的日常生活都與農業、食物息息相關。
源鮮農業生技以智慧科技打造垂直農場，
不僅規模化生產無毒蔬菜，也守護了人們的健康。

來到桃園蘆竹的交通要道中正北路，熙來攘往的車輛呼嘯而過，揚起的沙塵滾滾而來。源鮮農業生技公司就位在中正北路上，外觀是青綠色的源鮮智慧農場，矗立於大馬路一旁，有如沙漠中的綠洲，水耕種植的垂直農場面積廣達六百坪，每天最大產能可高達 1.6 公噸蔬菜。

源鮮農業生技創辦人暨董事長蔡文清從農業門外漢，帶著團隊埋首鑽研多年，成立智慧農場，為的是「我賣我吃的，更與客人共吃一畝田」的使命。

即將邁入六旬的蔡文清，身形清瘦、頂著灰白的頭髮，但雙眉仍粗黑，精神矍鑠。如果不說，應該很難想像他在壯年之際曾經罹患肝癌。

把酒當水喝，鬼門關前走一遭

千禧年，三十六歲的蔡文清與朋友共同創立州巧科技，不料卻也在那一年，進行健康檢查發現，自己是 B 型肝炎帶原者，醫囑定期回診；兩年後，蔡文清三十八歲，超音波檢查出肝纖維化，但醫師表示 B 肝帶原者本來就容易出現肝纖維化現象，蔡文清也因此不以為意，並未特別調整生活作息與飲食習慣。

拚命三郎的個性讓蔡文清停不下繁忙的腳步，為了工作應酬，幾乎是把酒當水喝。直到四十一歲時，例行檢查發現肝硬化，這下子才讓他有所警覺，除了吃藥密切觀察，也密集回診。

只是業務繁忙，全盛時期公司有七座工廠，必須往返兩岸出差，熬夜通宵已成日常。最後，沉默的器官終於發出怒吼。

有次，蔡文清在中國大陸出差，半夜腹痛如絞，在床上翻來覆去無法入眠，一早搭機回台掛急診，檢查發現是膽管堵塞，馬上手術卻發現肝臟的問題更嚴重。

「蔡先生，你的肝臟呈現黑紫色，是我看過最嚴重的病例，最好趕快再進一步檢查，」手術完成後，醫師在巡房時對蔡文清說。

最終，檢查確認蔡文清的肝已長滿腫瘤，開刀與化學治療均為時已晚，唯有換肝才能活命，但在台灣肝源得來不易，恐怕等不到換肝就撒手人寰。

那年，蔡文清才四十四歲。

遲遲等不到換肝的消息，期間多次因肝昏迷而無預警倒下，求助無門，家人安排另一個風水較好的住所讓他專心養病。沒想到新鄰居看到蔡文清的氣色極差，便轉介他一位醫師，進行生機飲食、肝膽排石淨化、清腸等一連串自然療法。歷經五個月，終於將他從死神手上搶救回來。

「蔡先生，你不用換肝了！定期追蹤即可。」當時醫生說著這句話的情景，讓蔡文清至今難忘。

不顧反對，從科技業投入農業

鬼門關前走一遭，蔡文清分析自己罹癌的主因：不良的生活習慣，像是通宵熬夜，以及為了應酬把酒當水喝的不當飲食習慣。

撿回一條命，他體悟到要找回健康，必須做自己的醫生，傾聽身體發出的聲音，在對的時間吃對的食物，保持身心靈的平衡。

不僅如此，蔡文清也開始思考：「重拾健康後，我能為人們做些什麼？」強烈想要回饋社會的使命感，一直在心中迴盪。

身為農家子弟，他發現自己當時要找到新鮮無毒的蔬果並不容易，猛然想起小時候種菜的阿嬤耳提面命：「家人要吃的菜是這一區，賣的在另一邊，不要拔錯了！」

「從農業出發，我要種出子孫都能安心大口吃的蔬菜！」蔡文

> “我賣我吃的，更與客人共吃一畝田。”
>
> —— 源鮮農業生技創辦人蔡文清

清決定做農夫的那一刻，就決定要做不一樣的事，要跟客人共吃一畝田。這是蔡文清重生後賦予自己的使命，不過這個想法卻未得到其他人的認同。

一開始，他想用原本從事的科技業資金轉投資農業，但公司董事會不同意，財務長還苦口婆心地告訴他：「蔡董事長，你要想清楚，農業是要靠政府補貼才能存活下來的，電子業不適合去做轉投資。」

家人也不支持。蔡文清的夫人不希望他再度創業，因為她深知他凡事親力親為，一旦「撩落去」又會犧牲健康，直到他允諾會好好照顧身體，家人才終於答應。

造天、造地、造環境

有了對於未來的藍圖，蔡文清從 2008 年開始思考，應該如何組建新團隊；到了 2010 年、2011 年左右，決定放手一搏的他，辭去州巧科技董事長一職，以自有資金二度創業，再加上認同他理念的前公司夥伴，共同組成研究團隊，一切從頭開始。

對科技業出身的蔡文清來說，蓋廠房、買研發設備不是難事，但「農業」把他給考倒了，然而他沒有放棄，徹底歸零學習，投入大量資金與時間，研究如何種菜，讓植物健康成長，轉化成富含

> “每一個人都與農業、食物息息相關。”
> —— 源鮮農業生技創辦人蔡文清

人體所需的營養。

另一方面，經過幾次懇求拜訪，終於讓有「植物神醫」之稱的中興大學教授蔡東纂點頭，答應提供技術指導，全團隊立刻南下台中，整整旁聽上課兩、三年。

在學習過程中，蔡文清發現，土耕植物較具營養，是因為泥土裡有微生物、蚯蚓等生物，牠們吃泥土後排泄出有機質，可以給植物營養，形成一個小型的生態系。只不過當人類開始使用化學肥料後，「『土壤的原住民』都被化學肥料給殺死了！」

經年累月下來，現代農地不如以往營養，甚至有毒性；美國參議院的文件裡更揭示，在九十年前就發現，土地沒有辦法種植出富含營養的食物，迄今更是連海洋都出現問題。

因此，團隊提出要朝「水耕」方式種植，但蔡東纂反對。

為什麼？

原來，蔡東纂多年觀察發現，傳統水耕種植有所謂「三年魔咒」──第一年，使用新設備、新建物，植物長得很好；第二年，產量開始銳減；到了第三年，則是要使用農藥才能成長得好。

換言之，傳統水耕在溫室裡經陽光照射，水溫升高，細菌滋生，並長出青苔，使溶氧度下降，病蟲害隨之而來，反倒必須加重農藥使用。

「我們要創造百年前的環境來種菜！」蔡文清不想加重環境中的毒性，於是給團隊立下新目標，為此又花了好幾年時間。

「經過六、七年，我們才完成水耕種植研發與設備開發，」蔡文清一一記錄以往水耕種植的困境，再與團隊研究突破傳統水耕問題的技術。

簡單來說，植物生長的要素，不外乎是陽光、空氣與水。傳統農業是靠天吃飯，源鮮便是靠著創新技術，造天、造地、造環境。

種出「水果等級」的蔬菜

「我們自行研發適合植物生長的人造太陽，提供光合作用所需的適合光譜，摒除植物不需要的光譜，較一般常見LED光源節能70%以上，溫度低，使用壽命長達十年以上，」源鮮農業生技營銷總監盧永濬說明。

他們研發出超微細氣泡水技術，一毫升的水中有一至兩億顆奈米等級氣泡，像是把空氣裝在水裡，取代過去農夫翻鬆土壤的動作，讓水裡充滿氧氣，奈米等級氣泡可以維持十九小時不會蒸發，而高含氧量的水產生嗜氧好菌，讓植物根部浸泡在富含氧氣的水中，自然長得頭好壯壯，這項技術也取得世界專利。

此外，在肥料部分，源鮮以天然資材，像是非基改黃豆、米糠、砂糖、草木灰、蚵殼等，加上獨家益菌發酵而成的微生物發酵液態肥。

再者，風速也是影響植物生長的關鍵要素。

「我們做了測試，找出哪種風速對植物生長的葉面較好，最後發現每秒鐘1.5公尺的風速最適合，」蔡文清補充。

更特別的是，農場二十四小時都會播放古典音樂。

源鮮做了實驗，發現若是讓植物聽古典弦樂，會長得比較漂亮、口感也比較好。

一開始不明白其中原理，透過學者研究才恍然大悟，「植物在進行光合作用時會微抖動，弦樂的音頻與抖動產生共振效應，植物抖動加劇，根部自然會加強水分與營養的吸收，」蔡文清解釋。

源鮮農業生技導入智慧人造太陽、微型氣候、溫濕度環控等技術，採用立體多層種植農法，打造出一座可控環境、減少土地面積使用的都市型智慧農場。

果然，有別於在農地種植的蔬菜，夏季有熱辣的太陽或颱風，能存活下來的纖維都比較粗，秋季的菜類亦復如此，葉子粗硬，口感不佳，而源鮮的蔬菜則擁有水果等級的短纖維，口感佳，被蔡東纂喻為「有靈性、水果等級的蔬菜」。

以智慧科技發展永續農業

解決傳統水耕難題之後，源鮮持續開啟新的挑戰。譬如，以往的垂直農場或室內農場，通常建立在建築物、貨櫃屋等封閉空間中，以垂直堆疊、無土栽培技術（水培法或魚菜共生等）來種植作物，但這種做法必須使用人為日照，耗費相當電力；於是，源鮮導入智慧人造太陽、微型氣候、溫濕度環控等技術，打造出一座可控環境的都市型智慧農場。

「採用立體多層種植農法，使用極少的土地面積，反而能夠大量還地於林、涵養環境，有利地球生態復育與農業永續的目的，」蔡文清說。

他補充指出，在相同的土地種植面積下，垂直農場的產量是傳統農法的 100 倍，用水量節省 90%，而且因為垂直農法不需要開發大量土地，就近蓋在都會區中，除了可供給大量人口需求，降低蔬菜運送里程數，大幅減少碳足跡排放，還能將大地回歸山林，達到復育的效果。

盧永濬指出，源鮮在農場建物上方架設太陽能板，部分電力採用綠能發電，再透過十年以上的農業大數據分析，自行研發出適合各種蔬菜所需的特殊光譜燈板，因此可以針對所需，提供最適合植物生長的光源，大幅降低傳統 LED 燈板過熱或耗能的問題。

目前，源鮮已成功開發上百種農作，主力產品約二十種，包括：翠綠羽衣甘藍、紫鑽羽衣甘藍、紅捲萵苣、奶油波士頓萵苣、冰山紅／綠火焰萵苣、芝麻葉、香菜等。

名列百大最有前景的技術先鋒企業

西方諺語「You are what you eat.」（人如其食），這也是源鮮提倡的理念，「每一個人都與農業、食物息息相關，」蔡文清說。

源鮮農業生技專案經理陳靜婷指出，生食有許多好處，酵素、維生素、葉綠素及各種營養得以保留最多，但是生食不是沒有檢出農藥即可，還需要符合重金屬、大腸桿菌、李斯特菌、沙門氏菌等無檢出，才能造就把菜當飯吃、直接打蔬果汁的條件。

「菜根和樹根就像人類的腸道，只要給它好的生長環境和需要的養分，自然就會『頭好壯壯』，」擁有健康管理師資格的陳靜婷補充，源鮮「活舒菜」根部以海綿包覆，帶根入袋或入盒上架銷售，在使用前它都還是活的，因此比其他農法蔬菜更耐存放。

更進一步，為了環保，源鮮開發出第二代的環保栽種介質，主要原料萃取自海洋生物，100%可食用，稱之為「Yesbase」，目前國外廠已開始使用，可做到農業零廢棄物。至於台灣本地，由於當初的整廠製程設計是以海綿為主，未來在產銷許可下，也將安排在國內導入新製程，或是在第二代廠直接導入 Yesbase 天然環保材質製程生產。

源鮮一路走來，默默耕耘，不主動對大眾做行銷廣告，時常婉拒外界參賽的邀約，反倒相當樂於直接與消費者分享可持續性的健康生活與習慣，並將智慧農場做為觀光農場，設有地中海蔬食餐廳，吸引了不少國內外遊客特地前往參觀。

不過，儘管並未主動報名獎項，熠熠發光的創新技術仍獲得國際青睞。

世界經濟論壇在 2022 年 5 月評選出當年度全球最有前景的 100 家技術先鋒企業，源鮮獲頒技術先鋒獎，因為在健康和可持續食品生產方面，促進人類健康的貢獻而入選，具有創新、影響力和領導力，與世界經濟論壇的宗旨極具相關性。

蔡文清笑稱，去（2022）年被通知得獎時本不以為意，直到領獎日快截止才認真查詢，發現對方居然是具有國際聲譽的機構，歷年來台灣只有兩家公司得過這個獎項，源鮮是其中一家。

其實，源鮮在此之前已將觸角延伸至國際，在丹麥、梵蒂岡、立陶宛均有設廠，2023 年年底即將在沙烏地阿拉伯蓋廠，是擁有跨國整廠輸出建廠能力的農業生技公司。

「這些海外建置都是對方主動接洽，經過源鮮評估後才同意設廠，」蔡文清說，「我們要先評估經營者的人格特質。」他強調：「農業需要慢慢耕耘，讓當地人民相信我們種出來的是新鮮、營養的蔬菜，所以我強調經營者的人格特質必須『正直誠信』，我們的技術是要讓人吃得健康，而不是想靠技術賺快錢，這是需要長時間觀察與溝通，才能了解對方的理念與願景。」

重生後的蔡文清，這十三年來，每逢健檢都會被醫生稱讚：「你愈老愈健康喔！」他也逢人就分享健康的關鍵，積極推動「從源頭就新鮮」的概念，不僅讓國人受惠，並將這份健康事業推廣到國際，讓更多人重視自己的健康飲食。

（文／林惠君・攝影／蔡孝如・圖片提供／源鮮農業生技）

ESG 實踐心法

源鮮農業生技研發團隊在創辦人蔡文清的帶領下，歷經多年研究，發展出許多創新技術，讓源鮮智慧農場在環保節能的基礎下，量產富含營養、無毒、低生菌的蔬菜，獲得「桃園市金牌企業卓越獎」的「智多星」獎項。而為了實踐 ESG，源鮮在環境保護面向做到了：

1 建置垂直農場，在相同的土地種植面積下，產量可達傳統農法的 100 倍，用水量節省 90%，還地於林，且因接近都會區，又能減少食物里程，減少碳足跡。

2 自行研發適合植物生長的人造太陽，較一般 LED 燈節能 70%以上。

3 研發出超微細氣泡水技術，加上有機微生物液態肥，提升水中溶氧度，產生嗜氧好菌，讓植物生長好且富含營養。

4 開發出第二代的環保栽種介質，主要原料萃取自海洋生物，100%可食用，可做到農業零廢棄物，期待在未來全面取代海綿。

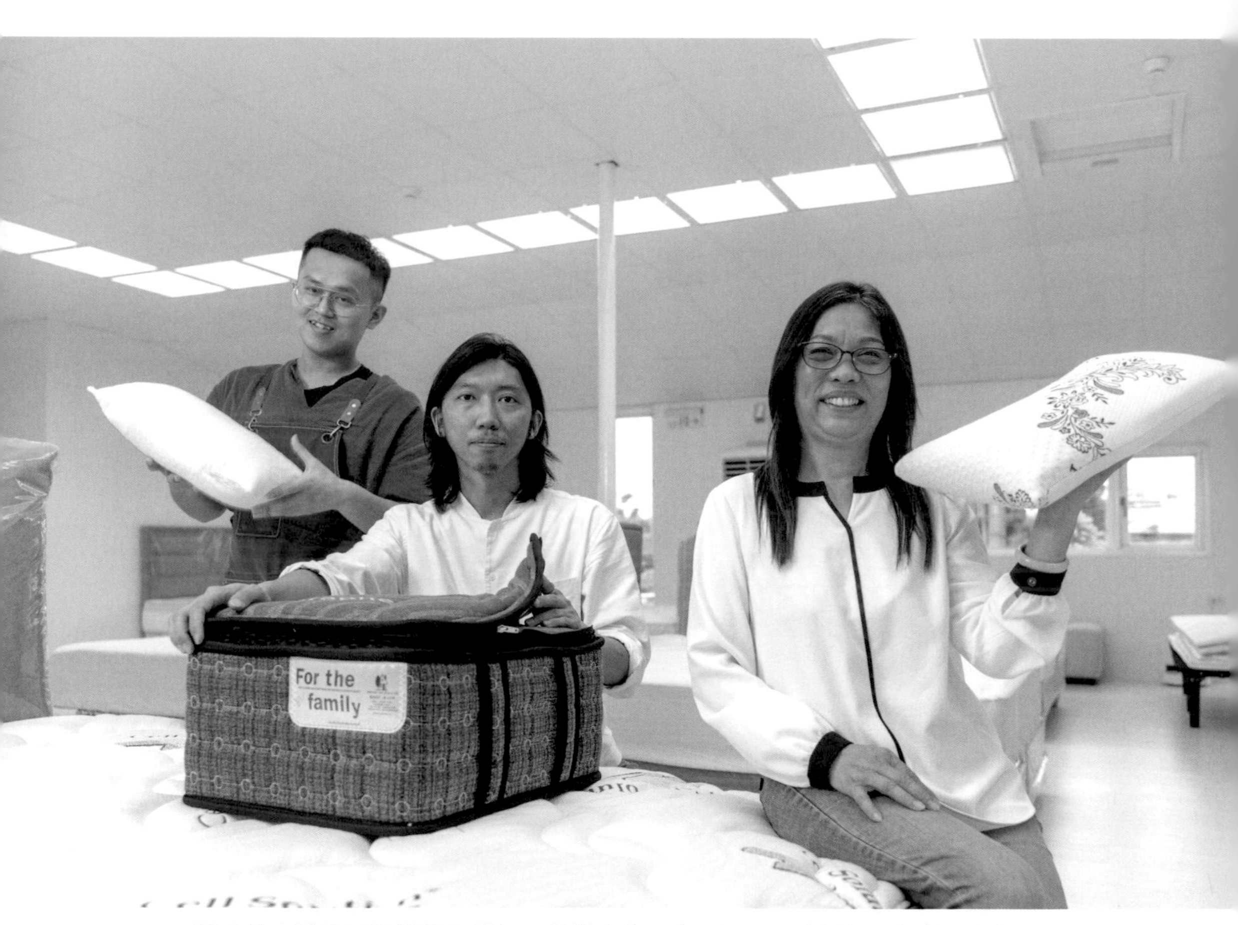

滿庭芳床業很早便從源頭做起，依據自身工序現況，更改材料、包裝品規格，降低邊料產生，達到物盡其用與環保永續的精神。中為滿庭芳床業特助張瑋君。

滿庭芳床業

做一張舒適、環保的綠色床墊

在創辦人與第二代對環保的堅持下，
滿庭芳床業讓最難回收處理的廢棄床墊數量降低，
並將製造床墊的邊料開發成實用小物，
做環保也做動保，落實綠色永續不遺餘力。

「你家的是什麼狗狗？」

「是柴柴啦！很胖喔！」

「哇！那要選這箱的墊子比較大，才夠牠睡！」

五月伊始，在桃園藝文特區有一場毛孩墊募捐活動，現場不時聽到毛家長與滿庭芳床業的工作人員對話，一旁還有活潑可愛的毛小孩，好不熱鬧。

滿庭芳床業的師傅利用床墊的邊料，抽空幫忙製作「毛孩墊」，並不定期舉辦募捐活動；毛家長為毛小孩挑選墊子後，自由樂捐，滿庭芳再全數捐贈給動物保護團體。

雖然工廠位於鄉間，規模也並不大，但滿庭芳早早就落實循環利用的精神；近幾年來更發揮巧思，做環保，也做動保。

自製床墊，讓家人睡一張好床

在楊梅，擁有近四十年歷史的「滿庭芳」幾乎無人不知，營運範疇涵蓋研發、製造、生產，提供從代工批發到直營的服務。在火車站搭上計程車，只要說出這三個字，運將先生不必透過導航，就可以直接載著乘客順利抵達目的地。

這麼一家在地知名企業的誕生，其實有段感人的背景故事。

滿庭芳創辦人張修源原本在「香港 AIRLAND 雅蘭床業」擔任業務，有感於務農長達七十年的父親，年老後脊椎後凸、長年駝背，睡覺時難以翻身，嚴重時更是輾轉難眠，於是他創立床業工廠，做一張適合老父親的床墊，並創立台灣自有床墊品牌。1985 年，由「香港 AIRLAND 雅蘭床業」指導，於桃園楊梅設廠，商標註冊為「滿庭芳」。

「滿庭芳」的命名由來相當有深意，它原是宋詞的詞牌名，也是宋代詞人秦觀的代表詞作之一，後世以「滿庭芬芳」比喻家庭和樂。

「家是從一張好床開始，我希望可以為家人量身訂製一張好床，」這是張修源創立床墊工廠的精神，甚至連公司電話代表號、創辦人的手機號碼，都特別選成對的數字「88」，因為那是「爸爸」的諧音。

成家立業，一張床成就一個家，「像家人一樣為客戶著想」

也成為滿庭芳的創業理念。

物盡其用，發展邊料再生

楊梅是客家庄，張修源是客家人，原本就有愛物惜物的精神。就像當季未吃完的青菜，丟掉未免浪費，客家人便會醃製芥菜、酸菜、鹹菜、福菜、梅干菜，勤儉持家。

換到其他場景，同樣秉持不浪費的精神。

早期工廠製作床墊，產生的邊料也要徹底運用，例如，梳棉是業界早有的做法，將裁切後剩下的邊料交給廠商，梳棉後再經過高壓高溫處理，讓原本的邊料變得厚實，成為床墊或沙發的填充物。

不過，早年民眾對於回收再利用的觀念並不發達，接受度也不高，對於白色之外的其他雜色填充物，常常會有人質疑那是黑心回收品；直到近幾年，永續觀念成為趨勢，邊料再生品反被公認是環保產物，值得提倡。

不僅如此，滿庭芳很早便從源頭做起，也就是依據自身工序現況，更改材料、包裝品規格，降低邊料產生，達到物盡其用與環保永續的精神。

此外，對於包裝品的材料，滿庭芳也有不少著墨。自 2008 年起，滿庭芳就將床墊包裝從 PVC 改為可回收的 PE 包裝袋，只是沒

> “ 降低床墊汰換率，
> 也形同減少廢棄物的處理量。”
> —— 滿庭芳床業特助張瑋君

想到，看起來簡單的更換包裝袋，卻耗時十年之久才全部汰換。

「PVC 包裝袋雖然透明好看，但無法回收，PE 則可由專業廠商回收處理，只是 PE 袋的外觀霧霧的，成本也貴一倍，」滿庭芳老闆娘林梅香記憶猶新地說，一開始家具店多半不能接受，因為他們希望到店裡的消費者可以一眼就看清楚床墊本身的樣子。

然而，滿庭芳堅持改換包裝，並且不惜自行吸收成本，終於讓家具店慢慢接受床墊採用 PE 材質的包裝袋。走過十年歲月，2018 年起，以往滿庭芳每年使用 6 公噸不可回收的 PVC，全數換為可回收的 PE 包裝袋。

雖然一年所需的 PE 包裝袋也是 6 公噸，但回收到工廠後，滿庭芳針對無磨損、品項良好的包裝袋，每年約有 2 公噸可重複使用，其餘不堪再用的 4 公噸包裝袋，也可交由回收廠做其他利用。

以水性接著劑取代有機溶劑

從張修源到工廠的老師傅，都具備回收再利用的觀念，而幾年前，第二代接班人加入，滿庭芳落實環保與永續概念的做法，又有新的嘗試。

1985 年次的張瑋君是家中長子，念的是觀光科系，原本在台北工作，五、六年前回家幫忙，現在與弟弟都在滿庭芳工作。對外，張瑋君是掛「特助」；對內，大家都稱呼他「哥哥」。

隨著年輕一代的加入，滿庭芳對於環境保護有更科學化的處理，而從小小的接著劑選擇，就可以看出滿庭芳對環保與對人體安全的思慮。

張瑋君談到，像是滿庭芳主要使用單液及兩液型水性接著劑，

滿庭芳床業將床墊包裝從 PVC 改為可回收的 PE 包裝袋，落實環保與永續的概念。

這兩種接著劑的膠合促進劑是水，而非有機溶劑，相對環保安全、低氣味，但成本也較其他膠種更高，因為水性接著劑的工序較繁雜，施作過程必須確保環境維持特定濕度，入夜後物料倉需要定時開啟工業用除濕機保持濕度，再以紫外線滅菌燈加強環境整潔，床墊包裝前，還要於袋內放置符合國際環保紡織協會 Oeko-Tex 認證的乾燥劑，以降低水氣留存。

材料分類，推動回收再製

老一輩基於惜物、不浪費材料，而有回收再利用的觀念，但張

除了工場內的環保永續，工場外的農田也在滿庭芳床業的努力下，從休耕狀態恢復生機。

瑋君知道，要真正做到永續，還有很長的路要走，因此他提出「滿庭芳十年計畫」，逐步實現綠色永續的願景。

「我們已經完成第一階段的減量與再製，現在則是進入第二階段，也是最重要的一段，就是要做到材料分類及再利用，」張瑋君說，以往只是將生產材料粗分為可回收或不可回收，但他認為這樣還不夠，於是又進一步細分為五大類：紡織類、發泡類材料、金屬材、椰纖維與無紡棉。

「材料分類細緻，才能讓原廠回收再製，」張瑋君舉例，像是椰纖維，每月有 30 公斤，全數回收原製造廠再製；泡棉每月有 60 公斤，也是全數回收原製造商再製，物料分類確實且保持乾淨，製造商才願意收回。

目前，滿庭芳已能將床墊製造作業的邊料全數回收再利用，每年邊料再製量達 20 公噸，不僅轉做愛心墊、毛孩墊、午安枕、座椅墊等以提升再循環性，並全數捐助公益，而非當商品售出。

譬如，會把午安枕送給在地幼兒園或育幼院的小朋友，希望他們趴著午睡時可以墊著小枕頭比較舒服。一開始，每個月做五十個，後來陸續增加至四、五百個，全部由員工親自到育幼院發送。

「看見這些小朋友開心地收下午安枕，大家會更有動力做下去，」張瑋君說，他希望藉此鼓勵員工參與，「讓他們能體會將邊料再利用是一件有意義的事，而非多做工的苦勞。」

在張瑋君的規劃下，年輕一輩的員工確實也更樂於參與永續計畫。負責生產管理的張曜宇，就是其中一個例子。他積極參與工廠內的許多綠色事務，像是為了讓小朋友睡得更安穩，他們會挑具涼感的材料來做午安枕，而且不只有基本款，還會設計成愛心或花的形狀，讓小朋友愛不釋手。

永續環保概念要從小培養

滿庭芳從 2017 年起，開始推動「睡眠種子計畫」，將午安枕送到外縣市的幼兒園，讓其他縣市的小朋友也能拿到實用又可愛的午安枕；同時，滿庭芳會跟老師說明睡眠種子計畫的初衷，藉此讓永續環保的理念可以從小播種。

「綠色永續的習慣要慢慢養成，」張瑋君直言，一開始確實有資深員工會抱怨，這時就需要有人出面協調，提供解決方案。

例如，從前是每筆訂單開一張單據，但後來發現，如果客戶只訂一張床，單據的一大半都是空白，太浪費紙張，於是改成多筆訂單可以開在同一張單據上。

但這種做法會讓生產線的師傅抱怨，同一張單據有不同客戶的訂單，翻來翻去很麻煩，此時張瑋君就會親自與員工溝通，並優化單據的形式，方便師傅查看訂單。

從源頭做起，降低床墊汰換率

儘管已經想方設法解決邊料跟包材的問題，但在床墊的產品生命週期中，床墊回收才是最令人頭痛的一環。

張瑋君談到，廢棄床墊體積龐大，一般家庭無法自行處理，目前都是由環保局或清潔大隊代為收回。然而，很多人可能不知道，廢棄床墊最終歸途為何？

林梅香回憶，以往舊床墊都是業者自行處理，但交給回收業者後，處理方式往往就是焚燒，製造空氣汙染，甚至還可能會被堆置在河濱橋下。

張瑋君無奈表示，床墊除了彈簧的廢棄鋼材外，包括：布料、不織布、泡棉等，都無法回收再利用，只能以焚化處理，「這不僅是在台灣，其他世界各國也都無法有效分類處理。」雖然政府多次與同業進行床墊回收再利用研討會，但考量到回收技術、民生習慣等，一直苦無實質對策。

山不轉路轉，路不轉，只好人轉。

張瑋君指出，業界普遍提倡十年換一張床，但床墊使用因為人體的皮屑、生理期、尿液或寵物的關係，容易造成髒汙，「使用三年後，床墊上的細菌跟馬桶差不多，到第七年細菌量就會達到頂峰，就算是可以清洗床包，但床墊還是無法清洗。」

在這種情況下，滿庭芳進一步查核自家系統六千筆以上的顧客服務資料發現，多數顧客選購新床墊只是因為床墊又髒又舊，並非本體損壞。「床墊經久使用，多為床墊布面紡織髒汙或發泡類材料正常損耗，但若彈簧結構穩固，其實還是可以繼續使用，」張瑋君說。

顧客的回饋讓滿庭芳看到新希望：既然廢棄床墊難回收，何不從降低回收率的源頭做起？

三大措施減輕廢棄床墊問題

為了減輕廢棄床墊造成的環保問題，從 2018 年起，滿庭芳再次從源頭解決問題，也就是讓消費者毋須頻繁更換床墊。

譬如，滿庭芳在床墊業界首創三千六百五十天（十年）維修保固服務，降低廢棄床墊量。

「髒汙的床墊經過我們整理後，其實就像是一張新床墊，」張瑋君坦言，十年維修保固並非難事，卻沒有其他床墊業者實施，原因不外乎嫌麻煩，一來要到客戶家載床墊，二來是拆床墊頗為耗工，最重要的是基於商業考量，維修床墊形同少賣一張床。

三千六百五十天維修保固，是指顧客選購的床墊自出貨日起，

> “希望為綠能盡一份心力，
> 至於售電或碳權交易，都不是最重要的事。”
> ——滿庭芳床業特助張瑋君

滿庭芳提供材料維修更換服務；甚至，搭配 1992 年起推出的顧客訂單電子化溯源系統，還能保障先前購買的顧客權益不會消失。

「實施後，總共有二十六位顧客使用這項服務，」張瑋君說，「降低床墊汰換率，也形同減少廢棄物的處理量。」

問題是，如果買到不適合的床墊，為了追求更好的睡眠品質，依然只能再次購買床墊，又該如何是好？

「這一點，我們也想到了，因此率先推出『全盲測試躺／全材料客製化』體驗，」張瑋君解釋，「我們會先確認使用者的睡眠習慣、適合材料及結構，依照消費者的需求與預算，提供客製化床墊服務，降低汰換機率。」

儘管滿庭芳床業工廠規模不大，仍在屋頂架設太陽能發電系統，就是希望為綠能盡一份心力。

這樣的舉措雖嫌麻煩，卻也是為減少廢棄床墊付出一些心力。

首家通過減碳有價化的床墊工廠

還有哪些地方，可以再綠能、再環保一點？

在鄉下，經常可以看到一幢又一幢的綠色鐵皮工廠矗立田間，位於鄉間的滿庭芳也不例外，但經整修後，廠房外觀改以白色做為主調，傳達簡單與樸實的精神，也象徵工廠跟床墊一樣乾淨潔白，內部則有深木頭色代表大地，內外具有結合大自然的意義。

甚至更進一步，「我們打造了『綠色屋頂』，讓鐵皮屋也可以是綠建築，」張瑋君自豪地說。

一開始，滿庭芳的廠房進行整修，主要是希望可以改善工廠鐵皮屋產生的問題，所以改變窗戶開關的方向，導風進廠內，避免悶熱感；此外，在屋頂設置太陽能發電系統，則是因為能夠隔熱，降低室內溫度。

不過，由於滿庭芳工廠的規模不大，申請綠色屋頂的過程並不順利。儘管能源公司不願意承包，但張瑋君不放棄，經過八、九個月與能源公司溝通後，終於成為台灣第一家擁有綠能屋頂、太陽能發電的床墊工廠，每個月發電量 106.194Kwh（千瓦／每小時），同時也是首家通過減碳有價化的床墊工廠，每月減碳量達 70.4 公噸以上。

許多大型企業申請綠色屋頂，不僅可以售電，還能販售碳權，滿庭芳也有這個打算？

「碳權抵換是每個月至少 6 萬公噸一個單位，滿庭芳一個月僅約 70 公噸，」張瑋君直言，就算可以聯合其他中小廠商一起售電，現實中卻沒有一個中小企業願意，所以，「我們其實只是希望為綠能盡一份心力，至於售電或碳權交易，都不是最重要的事。」

除了場內的環保永續，場外的農田也在滿庭芳的努力下，從休耕狀態恢復生機。

「我小時候吃的米就是阿公自己種的，」張瑋君想起兒時，阿公辛苦下田種稻，看到雜草就會拔得一乾二淨的模樣。然而，由於鄉村人口高齡化，年輕人外流，老農無力耕種，有愈來愈多農田休耕，甚至長滿雜草。

這樣的情況，是否可能改變？

近年來，滿庭芳將廠區周邊休耕地復耕稻田、火龍果田，鄰路種植超過五十棵樹，後來更由員工自己開始種植蔬菜，採取友善農法，每天的員工餐都採用同仁自己種的菜，還可以拔回家自己烹煮，不必再另外買菜，既健康又環保。

在張瑋君的規劃下，滿庭芳的「十年綠色計畫」已見成效，對於未來三年，他還有更多關於環保、循環規劃的想像——硬體方面，例如：在停車場建置地下貯集雨水系統、在二廠約百坪的屋頂鋪設太陽能板；軟體部分，則是希望進行技術、系統、設備等的更新，再運用政府中小企業循環經濟補助、產業智慧化等專案補助，以產業綠色智慧化管理，像是導入製程能源效率提升改善計畫，降低能源耗損、提升效率。

滿庭芳深耕台灣將近四十年之久，從一開始的商標，就是一間房子，屋前還有一棵樹，代表綠色環保。從創辦人到接班人，不僅做一張好床，更要做一張友善環境的綠色床墊，一路傳承。

（文／林惠君．攝影／賴永祥．圖片提供／滿庭芳床業）

ESG 實踐心法

滿庭芳床業秉持客家人愛物惜物、物盡其用的精神，轉化為企業經營永續精神，成立近四十年來，在第一代的經驗傳承，與第二代導入科學為驗證，以高品質的床墊提供消費者健康舒適的睡眠體驗，並秉持「視自然與永續如己任」的精神，落實綠色永續及社會責任的願景，因此獲得「桃園市金牌企業卓越獎」中「愛地球」獎項的肯定。而在實踐 ESG 的過程中，滿庭芳在環境保護面向，做到了：

1 不以成本為考量，慎選材料，增加回收再製使用率，並從源頭開始即減少使用可能危害環境的溶劑。

2 延長床墊保固期，減少廢棄物的產生，避免製造汙染。

3 在工廠屋頂設置太陽能發電系統，除可發電自用，並具有隔熱效果，還能降低室內溫度。

4 復耕農田，綠化環境，自種蔬菜，縮短食物里程。

台達電子人資長陳啟禎認為，因為從創辦人開始，台達對於人才選用沒有任何偏見，並且重視公平賦權，讓每位員工都能展現最大價值，才能使得台達屹立不搖。

台達電子

打造讓員工實現自我的場域

為了讓工作成為員工實踐自我的美好場域，
台達電子打造不為性別、年齡、學歷所限的職場，
並且營造豐富的生活樣貌，
讓台達人不只追求工作的付出，更能多方面提升自我價值感。

「如果在工作上遇到讓自己覺得很不舒服的事，不要放在心裡，可以選擇直接和對方說，」在台達電子為倡議多元平等所舉辦的「不同凡想 · 心旅程」系列講座中，董事長海英俊呼籲同仁在職場上勇敢表達心裡的感受，更直接喊話：「人資的門永遠是開的，要打給我也可以，我會想辦法幫你解決。」

海英俊曾談到：「在企業中最重要的是溝通，所有的問題都來自於沒有溝通。」然而，員工要能暢所欲言，必須立基於友善開放的職場環境。

從電視線圈起家，到成為電源管理及散熱管理解決方案的領導廠商，每當有人問起台達創辦人鄭崇華的創業成功之道，他總是說：「那些都是台達員工做的，是他們厲害，不是我。」不過，若深究台達的企業文化，還是可以看出若干與眾不同的特色。

不以性別與學歷為標準

如果從一般人對電子業的想像來看，台達從創設伊始，就有不少打破刻板印象的例子。

「五十年前，台達只有十五個人，其中有一大半是女性，」海英俊談到台達草創時期，「我們從一開始就沒有把性別、學歷當作標準，就是很自然的事情。」

譬如，像是台達創設初期的重要員工許美華，當年只有中學畢業，雖然學歷不高，卻展現了高超的學習能力和敬業態度，和大同合作開發出第一台國人自行設計的「12PC」黑白電視、爭取到國際大廠飛利浦的訂單，立下許多顯赫功績。

又比方，像是負責財務工作的孫秀鸞和陳穗麗，當年都只是二十來歲的年輕女生，但從土地買賣、訂定銀行契約、保險條款、承租廠房租約等細節，到和銀行交涉、簽訂高額貸款等，都由兩人負責。

「正因為從創辦人開始，台達對於人才選用就沒有任何偏見，並且重視公平賦權，不受限於性別、年齡、學歷，讓每位員工都能展現最大價值，才能使得台達屹立不搖，」台達人資長陳啟禎一言以蔽之。

近年來，DEI（Diversity, Equity and Inclusion，多元公平共融）

成為全球企業治理的新興關注焦點，意外地與台達累積五十年之久的企業文化不謀而合。

隨著台達不斷成長與高度國際化，人力結構組成也愈來愈多元。現在，台達女性員工約占總人數的 50.6%，更集結了多樣年齡世代、族群、國籍、宗教、性向和文化的員工，在不同的營運據點，都可以看到多元文化背景的員工共事。

建立共融的企業文化

「台達歡迎來自每個不同背景的你，」陳啟禎一邊說著，一邊雙手交握放在胸前，從肢體語言看出某種堅定。他強調台達正在調整企業文化，除了「誠信」、「創新」、「協同」、「賦能」，還正式把「共融」新增為重要元素，創造友善、開放的職場環境，容納不同背景的員工，讓每位員工都能感受到尊重，自由表達自己的想法和意見。

陳啟禎談到：「其實台達一直以來就很強調 DEI，將『共融』正式納入，是要更積極努力推進，全面、持續地改變。」

為了把 DEI 思維根植在每個台達人身上，台達陸續開設無意識偏見的課程和講座，提升同仁對於無意識偏見的敏感度，例如，意識到哪些話根本不能問、不能講、不能說，將尊重彼此內化成為自

> “ 多元人才最可貴之處，
> 就是能夠幫助企業從不同面向及角度思考問題。 ”
>
> —— 台達電子人資長陳啟禎

然而然的習慣。

「多元人才最可貴之處，就是能夠幫助企業從不同面向及角度思考問題，」陳啟禎不諱言，「對企業來說，營造多元共融的職場環境、提升員工幸福感，不僅是社會責任，也可以增加員工對企業的歸屬感，更能留住人才，並促進團隊合作，激發員工個人創造力、發揮獨特的自身價值，達到更好的工作成果，進而牽動企業整體的創新能力及競爭力。」

就像台達全球品牌標語「Smarter. Greener. Together.」，除了帶領員工更環保、更智慧，台達期望透過「共融」，進而達到「共榮」。

從員工的真實需求出發

有了軟性的文化，要能徹底落實，尤其對跨國企業來說，還必須仰賴系統化的制度，台達也不例外。

除了讓每位員工都可以獲得同等的待遇、相同的升遷機會，台達更進一步設定具體策略指標，例如：各廠區勞資會議所選出之單一性別代表人數，不得少於三分之一、需要保留原職位給育嬰留停的員工、原民可以得到歲時祭儀假三天⋯⋯，透過差異化福利政策、性別占比等方式，積極推動 DEI。

“ 營造多元共融的職場環境、提升員工幸福感，
不僅是社會責任，也可以增加員工對企業的歸屬感。”

—— 台達電子人資長陳啟禎

不過，這些做法，真的符合員工需求嗎？

「所以我們會持續傾聽員工的聲音，檢視目前公司的環境、既有的福利與制度，是否符合不同族群的需求，」陳啟禎以母嬰措施為例指出，過去台達已經提供懷孕同仁專屬車位、舒適的哺乳環境、孕期和產後衛教資訊課程及訂定母性健康保護作業規範等措施。在去（2022）年年底，因為聽到同仁反應，主管更進一步主動提案發放育兒津貼補助，期望能具體抒解同仁的育兒壓力。

現在，只要同仁家中有新成員誕生，台達就會發放一萬元做為祝賀，之後每月都可獲得五千元的育兒補助金直到六歲；此外，當孩子三歲可以進入幼幼班之際，還會再給予一萬元助學金。加總下來，每名子女最高可請領三十八萬元補助金。

「其實當初提了很多版本，但公司最後選擇了最高金額的補助方案，跟原先預期的金額差距非常大，」負責承辦育兒津貼業務的同仁笑說，自己曾被最後拍板定案的金額嚇了一大跳，甚至，「有員工本來想離職，因為育兒津貼補助，馬上收回辭呈。」

「在設計方案時，並沒有想要和其他企業比拚育兒津貼金額多寡，單純就是以員工需要為出發點，提供持續性的幫助，也讓同仁知道，公司願意為共同照顧小孩盡一份心力，」陳啟禎解釋。

累計小事成為制度

台達是很多人心目中的幸福企業典範，也受到許多外部機構的肯定，例如：2020 年及 2023 年獲得「亞洲最佳企業雇主獎」（HR Asia Awards）；在剛公布的 2022 年道瓊永續指數（Dow Jones Sustainability Indices, DJSI）評比中，社會面整體成績獲得全球電子設備產業最高百分等級。

然而面對這些榮譽加持，陳啟禎認為，台達其實沒有特別以幸福企業自許，「我們只是打造員工喜歡的環境，無論得到績優健康職場或是運動企業的認可，都是做我們能力所及，照顧員工、設計員工喜歡的方案。」

或許是因為早已成為一種 DNA，一切特殊之舉都變得不再特別，於是當問起台達如何具體提升員工的幸福感，他只用一句話說明：「就是認真傾聽所有同仁的聲音。」而當進一步追問如何才能真正「聽見」，他才分享，可以透過定期的敬業度調查，了解員工真正的需求，做為制訂福利措施的依據。

例如，為了讓員工免除尖峰時段塞車之苦，也讓父母能方便接送小孩，台達自 2023 年 4 月起，開放彈性兩小時調整上下班時間。

又像是台達最受人津津樂道的員工福利——每年為期一週的「旅遊黃金假」，公司在前一年會開放所有員工投票，共同決定隔年黃金週的時間，公司就把假期提前排入行事曆，也預先因應假期做好產能規劃，兼顧員工福利與企業營運。

此外，台達也積極協助員工促進個人身心平衡。「當同仁覺得工作、生活上有壓力喘不過來，可以隨時拿起免費諮詢專線電話撥打，」陳啟禎談到，「這只是很小的事，然而累積、完善這些小事，形成制度，就能讓同仁感受到全方位的照護。」

設計「有感」的活動

不僅制度設計從員工真實的需求出發，陳啟禎談到，「在舉辦活動時，80%以上也都來自員工的聲音，回過頭來讓我們思考活動能做些什麼。」

透過福委會的雙向溝通，再融入公司倡議的內容，把健康促進、環保節能、凝聚共識、多元共融等要素放入，並針對不同族群，客製化不同的活動內容，提高同仁參與度。例如，在家庭日，遊園會場裡設置針對小朋友的活動攤位，讓參與活動的孩子能夠學習到關於電的小小科學知識，便獲得不少身為父母的員工好評。

關注到移工同是台達的一份子，台達在 2023 年為離鄉背井工作的移工們，舉辦了第一次的南洋嘉年華「歡慶宋干節」，透過潑水節活動慶祝東南亞的新年。當天現場，有東南亞美食、手作 DIY，還有東南亞熱門的藤球活動，吸引將近八百多位同仁參與，不只有移工，更有許多本國同仁加入。

「所有人都玩在一起，玩得非常過癮，」陳啟禎談起來還意猶未盡，透過東南亞的祈福習俗，大家在臉上塗抹了香粉，互相潑水，幫彼此去掉霉運，蒐集來年的好運，「更重要的是，這場嘉年

台達電子積極協助員工促進個人身心平衡，提供免費諮詢專線，讓同仁感受到全方位的照顧。

台達電子為離鄉背井的移工舉辦南洋嘉年華，也讓本國同仁藉此了解移工國家文化，拉近彼此的距離。

華打破了藩籬，讓本國員工對移工國家的文化有了多一點的認識，也拉近了彼此的距離。」

製造台達人的專屬回憶

台達的職場健康是以「PLUS 策略」（Preventive healthcare，健康促進；Life，工作生活平衡；Unique，台達專屬感；Social Welfare，社會公益）為主軸，勾勒出幸福職場的面貌，而「製造台達人專屬回憶」的大型活動，便成為實踐的好方法。

2021 年，台達成立五十週年，有五十二位同仁組成環台車隊，舉行為期十天的單車環島計畫。不過考量同仁的體力與時間，同步推出「廠廠相連」方案，車隊從台北總部出發，到桃園廠區後，再由下一批同仁接力。透過中短程的單車體驗，四段路線總共有近兩百人參與。

2022年，台達更推陳出新，開辦第一屆「熱血龍舟賽」，邀情同仁一起划龍舟，總共號召三百多位同仁報名，不只各事業單位積極響應，還有許多越南及泰國的同仁加入體驗，組成了二十二支隊伍。這時，龍舟不再只是專屬端午節的活動，更是熱血、有趣的團隊運動。

「老實說，因為沒看過其他企業辦過，想到參賽同仁必須花很多時間練習，我們還真的沒什麼把握，」陳啟禎坦言，規劃這個活動時夾雜著幾分擔憂，「但沒想到大家玩一次就上癮，覺得太有趣了，還要求再辦第二屆。」

他回憶，當時參賽同仁每個週末頂著酷暑高溫到潭邊報到，拿著掃把「一、二、一、二」練習，追求划槳動作整齊劃一，努力不懈持續了兩個月；正式比賽當天，頂著8月毒辣的太陽，現場氣氛卻相當激昂，很多事業單位的主管和同仁不請自來，幫自己事業處的代表隊加油打氣。

有位中華民國龍舟協會的志工，看到活動現場感到非常訝異：「我從沒看過一個企業願意花這些時間和資源，去組織一場這樣的活動，尤其董事長不是鳴槍之後就離開，而是頂著大太陽，在河道邊待了一個多小時，等著競賽隊伍奪標。」

「我以前都不知道，身高對划龍舟也會有影響，後來才曉得，高的人槳距比較長，像我個頭比較小，划起來好累，」一位參與划龍舟的員工笑著談到，即使距離龍舟賽事已經相隔一年，卻仍記憶猶新。

陳啟禎欣慰地說：「這些活動讓大家回憶滿滿，是台達人專屬的共同回憶。」

除了強化員工的認同感與凝聚力，不斷提高品牌價值、確保薪資福利及升遷制度、提供豐沛的學習資源與多樣創新的人才發展培育制度，讓員工有多元發展的無限可能，也是台達重要的企業成長策略。

「我們強調『Live Better, Work Smarter』，積極推動『雇主品牌』，希望透過樂活職場，改善同仁的職涯發展與體驗，讓員工的生活與工作平衡，」陳啟禎說明，像是帶領同仁投入志工行列，友善環境、與地球共好，就是要讓台達人不只追求工作上的付出，更能多方面提升自我價值感。最終，台達人豐富的生活樣貌，成為台達不斷進步的核心動能，也吸引了更多志同道合的人才加入台達，達到企業永續、人才永續。

（文／陳培思．攝影／黃鼎翔．圖片提供／台達電子）

ESG 實踐心法

台達從創業以來，就相當重視人才培育，提供員工職涯永續發展，並致力改善員工體驗，打造健康快樂的友善職場，以及更平衡的工作與生活，因此獲得「桃園市金牌企業卓越獎」中「好福企」獎項的肯定。而為了實踐 ESG，台達在社會責任面向做到了：

1 積極推動 DEI，落實多元族群的關懷照顧，開設無意識偏見課程，營造多元、平等、共融的職場環境。

2 傾聽員工的聲音，針對需求提供多元化且彈性的福利制度，例如：高達三十八萬元的育兒津貼補助，以及兩小時彈性上下班等各種福利措施。

3 推出客製化的豐富活動，打造健康職場生活，並以「製造台達人的專屬回憶」活動，提升員工認同感及凝聚力。

台灣晶技照顧員工的多面與用心，開啟善的循環，讓公司績效愈來愈好，得到愈多員工和股東的肯定。前排為台灣晶技董事長林萬興。

台灣晶技

用照顧家人的心照顧員工

當企業展現社會責任，員工認同感提升，
隨之也將為企業帶來更多肯定與效益，
成為一種良性循環，
落實 ESG 不再只是一種付出，更是一種獲得。

上班前的早餐時間，來自菲律賓的梅莉和同事一起有說有笑地走進台灣晶技公司平鎮廠的員工餐廳，準備在開工前吃個健康營養的餐點，儲備足夠的能量，朝氣滿滿地開始忙碌的一天。

到了餐廳，餐台上依舊是熟悉的家鄉味，同樣來自菲律賓的廚師，也會用大大的笑容和家鄉話跟每個人聊上幾句。他的一雙巧手，總是能夠在公司要求健康烹調的前提下，用台灣食材變出菲律賓菜色，照顧兩百多位同鄉的胃，讓他們雖然人在異鄉，卻仍然倍感親切。梅莉笑著說，正如同董事長林萬興常常提到的那一句「We are family!」一樣，在這裡工作真的會產生家人般的情感。

照顧了來自異鄉的同仁，員工餐廳的另一邊，則是提供精緻美味的台式餐點，讓台籍員工享用。一日四餐，從早餐到宵夜，無論你來自何處，這裡都有一道家常菜，溫暖你的胃與心。

用好油、好食材照顧員工健康

除了關注員工的味蕾和心情，注重養生的林萬興更希望讓員工吃出健康，因此把「健康飲食」的概念帶入企業餐飲規範。

「我們的餐廳盡量避免高溫油炸、煎烤等料理方式，少鹽、少油，不過度調味，就連用油都只選擇對健康比較好的橄欖油，」林萬興自豪地說，「光是食用油，每年就要增加兩百多萬元支出，這在一般員工餐廳是做不到的。」

不僅如此，要進入台灣晶技員工餐廳的食材也有重重關卡。「很嚴格！」林萬興認真地扳著指頭，細數自己立下的規則：「我們不用加工食品，一律以原型食物為主；還要有生產履歷標章，有問題的話可以溯源；再來就是盡量採購通過 SGS 檢驗的食材。」

不過，一開始宣布員工餐廳改走健康路線，大家難免抗拒。

「健康餐有營養，但是很難吃啊！」在台灣晶技微機電中心擔任技術員的陳宜貞想到當初的自己，不禁哈哈大笑，「可是，吃了一陣子的健康餐之後，發現廚師相當用心，做出來的餐點不僅好吃，而且口味和選擇很多元。」

甚至，陳宜貞和家人的飲食習慣都漸漸改變了。

「現在，垃圾食物一點都無法誘惑我！」陳宜貞說，再加上透過健康講座認識了水的重要性，養成多喝水的習慣，同時配合公司

台灣晶技將「健康飲食」的概念帶入員工餐廳，餐點不僅好吃，而且口味和選擇很多元。

推動的增肌減脂活動，這幾年竟然意外地讓體脂肪慢慢減下來，從原本的 21.7%減到 12.7%，整個人看起來容光煥發、體態相當結實，先生也從 103 公斤減到 93 公斤，全家一起變得更健康。

聽著這一連串的數字變化，當下忍不住讚嘆，但林萬興認為，「這些本來就是企業該做的！」不但要照顧員工，更要惠及員工的家人，讓他們把家安好了，才能為公司打拚。

「身為經營者或經營團隊的一員，我們不能也不敢說自己是『幸福企業』，這種事只能由員工來定義，看我們有沒有做到，」農村出身的林萬興做事很拚，但是說到照顧員工或參與社會公益卻很謙虛，堅持不張揚，但一定要讓人有感，做到「用心傾聽、以人為本」。

一畢業就進入台灣晶技，到現在已經將近十五年，歷練了品保中心及研發中心的資深工程師鄭莉慧，感受尤其深刻：「我從單身、結婚到生子都在這裡，幾乎什麼福利都用到了，但讓我最感動的是真誠的關心。」

鄭莉慧記得，當年結婚時，林萬興不只在出差途中特地買禮物、送上祝福，更主動詢問她是否需要協助擔任證婚人，最後還親自跑了一趟台東出席婚禮，就連孩子出生都記得送禮物給孩子。

上行下效，林萬興希望，主管們都能懂得「向下管理」，但不是「管人」，而是主管與部屬之間要能充分溝通，細心體察員工心意，甚至主動幫員工解決問題。

媒合銀行，解決員工貸款問題

林萬興所謂的主動幫員工解決問題，「外籍移工專案貸款」就是其中一個例子。

台灣晶技管理中心副總經理陳秋霖說明，當時是有產線主管發現，部分外籍員工經常陷入精神恍惚的狀態，甚至影響到工作；深入了解之後才發現，員工們各自因為不同的家庭因素，向地下錢莊借了高利貸，被還不出的利息和本金壓得喘不過氣。

當主管向陳秋霖回報後，大家火速討論出解決方案，一方面向警方報案，一起出面協調，去除重利、回歸合理利率，讓外籍移工至少還得起錢；另一方面，管理中心與負責引進移工的人力仲介公

> “ 公平管理是建立 IDE 友善職場的最大關鍵。 ”
>
> —— 台灣晶技董事長林萬興

司合作出具擔保，與銀行洽談，讓他們願意貸款給外籍移工，「這樣一來，有資金需求的員工就不用找非法地下錢莊借貸，只要正常工作，就可以用合理的利率向銀行申請貸款。」

「我有一些朋友，他們真的亟需用錢，還好公司出面幫忙，讓大家不用再去借怎麼都還不完的高利貸，」梅莉說，儘管她自己並未使用這項貸款，但她有不少朋友因此受惠。

從管理者的角度解讀這項決定，陳秋霖直言：「其實，這不只有助於安定浮動的人心，更是讓外籍員工願意長久待在公司的動力。」許多外籍勞工的家裡負擔本來就不輕，如果發生緊急狀況需要用錢，無疑是雪上加霜；相對地，如果只要認真工作，就能負擔得起銀行貸款，也不用擔心被威脅、追債，外籍移工的流動率，甚至「落跑」的機率，都會降低很多。

提供公平的工作環境

「過去，企業界談的是 CSR（Corporate Social Responsibility，企業社會責任），現在走到 ESG（環境保護、社會責任、公司治理），就是要透過企業的力量，建構一個讓員工、股東與社會利益平衡最大化的平台，」林萬興認為，一家經營有方、穩定獲利的企業，必須要有意願照顧為公司打拚的員工，才能增進政府稅收，進而讓股東獲利，投身環保、公益事業。

「我們希望建立一個共融（inclusion）、多元（diversity）、公平（equity）的『IDE 友善職場』，納入勞工尊嚴與相關權益、兩性平等概念，並且進一步實踐 ESG，」林萬興強調，「要做到這一點，『公平管理』是最大的關鍵。」

以績效評估來說，「主管有義務把對員工的評分標準說清楚，而且我認為，如果同一個員工連年考績都很差的話，那大部分是主管的責任，」林萬興表示，如果員工連續兩年考績不佳，人資處就必須介入訪談，確認主要問題在員工或主管，看是否要啟動不適任淘汰機制。

換言之，主管不只要在自己的位置上兢兢業業、仔細帶領團隊衝刺，也得接受部屬每半年發一次的「成績單」。

「這就像是一種『滿意度調查』，幫助公司了解員工的不滿，無論是考績或調薪幅度不如預期、獎金分配不公、主管決策不透明等，都必須盡快予以回應與說明，」陳秋霖說，「我們的管理規章、制度完全依據國際性 RBA（Responsible Business Alliance，責任商業聯盟）行為準則，也執行得非常徹底，還因此獲得了黃金級認證。」

福利制度必須讓員工「有感」

「我們也有責任要為員工創造一個有希望與未來的職場環境，所以對於提供各種津貼、宿舍、員工餐廳、停車場、健身房、彈性放假、補班日不補班也不扣假等可以讓員工『有感』的福利，一點都不會手軟，」林萬興指出，「只要企業有盈餘，股利可以達到配股的七、八成。」

提到最讓員工「有感」的福利，除了每年投入兩千多萬元，依職等等比補助等值股票、鼓勵員工購買自家企業股票的「持股信託機制」，最經典的莫過於在中國大陸寧波廠區推動的「賦能與胡蘿蔔並進」策略。

林萬興表示，寧波設廠初期，當地主管缺乏成本管控能力與素養，包括：良率、材料使用選擇等都表現不佳，因此決定從現場改變，走一條和大部分台商不一樣的路。

早年的台商，大多盡量不讓當地主管涉獵經營層面，但是台灣晶技例外，強調賦能的重要，「以平鎮廠來說，員工要晉升主管，必須在每年六百小時的內部必、選修課程中，修滿五十小時以上，不同職位有不同的必修規定，因此要求寧波廠也必須設計出適合當地的內訓制度，」林萬興強調，「對台灣和中國大陸的主管，我們都是透過賦能為他們的專業增值，不會因為地區而有不同。」

至於激勵的部分，則是給出比基本工資規定高的薪水，並將獲

員工每半年向主管發出的「成績單」，可讓公司與主管藉以檢視管理成效。

利的 10%撥給員工當分紅。雙管齊下的結果，啟發了員工的主動性，開始重視成本管控，每個月人均產值急速飆升。

「最明顯的差別是新冠肺炎疫情時，我和幾個高階主管三年都不曾踏進寧波廠區，但是他們不只疫情管控做得好，即使在當地政府宣布嚴格封控期間，仍然在全體員工加強防疫、不停工的共識下，透過閉環生產的方式，讓業績持續成長，」林萬興自豪地說。

不僅如此，台灣晶技還把對員工的照顧向外擴大。

從北投起家的台灣晶技，即使產線和公司總部已經搬到平鎮，卻仍保留著當年的「起家厝」，甚至為七、八十位，從創業初期就不離不棄、一路走來的基層員工成立「晶技 OB 會」，不僅每年的春節晚會或週年活動等重要節日會邀請他們「回娘家」共襄盛舉，每半年還會舉辦旅遊、聚餐等活動，平日則是不定期和北投當地社區合辦樂齡推廣，邀請 OB 會成員擔任手作或茶藝等講師，開設講座課程，也會邀請他們回公司，到社團指導同事。

「我們是『We are family!』，當然連退休員工也是家人，要讓他們有家的感覺，」林萬興開玩笑說，自己過幾年退休，也將成為 OB 會的一員，當然不希望從此被公司遺忘。

防疫滴水不漏

員工福利之外，當緊急危難發生，則是考驗企業應變能力的挑戰。自 2019 年起席捲全球的新冠肺炎疫情，便是典型的例子。

「疫情期間，台灣晶技平鎮廠的防疫幾乎做到滴水不漏，」陳秋霖說，除了花費兩、三百萬元採購快篩試劑進行全員免費快篩，且為配合政府鼓勵員工施打新冠肺炎疫苗，總計發放三十二萬元

台灣晶技為員工提供各種福利向來不手軟，圖為員工健身房。

疫苗獎金；另外，還推動「全員零感染，生產出貨不中斷」，從2020 年到 2021 年總計發出了兩千四百萬元防疫獎金，再加上其他相關防疫支出，總計約三千多萬元。

以單一事件的因應來說，這不是一個小金額，但是，「只要大家能夠了解染疫之後的嚴重性，做好自我防疫管理，一切投資都是值得的，」林萬興語氣堅定地說。

事實上，這場風暴也考驗了企業與員工之間的互信。

「我們不舒服或確診時，完全不會想要隱瞞，而是馬上通報，因為公司都安排好了，會讓我們入住單人隔離套房，」梅莉以自己的經驗分享，「專屬的隔離宿舍一樣會提供菲律賓餐，主管和醫護人員也會關心我們復原的情形，並且幫忙申請染疫補助。」

那段期間，台灣晶技的產線主管會注意隔離者接觸過的對象，如果有確診症狀，就直接請他們回宿舍或回家休息、觀察。也正因為有了這樣密不透風的防疫管理，台灣晶技安全度過幾波國內疫情爆發，直到 2022 年 5 月，政府決定放寬清零政策，逐步採取全民與病毒共存策略後，才有第一位員工染疫。

落實 ESG，形成善的循環

多年的 ESG 行動下來，林萬興認為，三者可說是相輔相成卻又各自獨立，以環境保護為例，因產業不同，解讀和壓力也各有不同，「我們身為蘋果供應鏈的一員，就是義無反顧朝向 2030 年減碳 30%、2050 年達到碳中和的目標前進。」

至於社會責任和公司治理，兩者都相當依賴長期深耕的成果，而台灣晶技自 2010 年參加首屆公司治理評鑑，每年始終維持在上市公司前 5%至 20%的成績。

更重要的是，一個能夠看見未來與幸福的職場，能夠讓人感覺被尊重、被重視，員工參與度自然提升，團隊和組織的效能也隨之提高。「從善的循環來看，在投入 ESG 之後，對公司並沒有造成太大的負擔，績效反而愈來愈好，做得愈到位，就得到愈多員工和股東的肯定，」林萬興有感而發，「我們未來會空手離開這個世界，但是反饋給社會的資源卻能留在世上，繼續幫助其他人。」

這一點，對林萬興來說，是落實 ESG 之後，對社會留下最深遠的影響。

（文／陳筱君・攝影／黃鼎翔）

ESG 實踐心法

台灣晶技在「用心傾聽、以人為本」的原則下，強調支持人權為最大的原則，以完善的福利政策及設備，將企業打造出「家」的氛圍，就連廠內的外籍移工都獲得妥善照顧，獲得 2022 年「桃園市金牌企業卓越獎」的「好福企」獎項與特別獎「桃園市金牌企業性平獎」。而為了實踐 ESG，台灣晶技在社會責任面向做到了：

1 獲得 RBA 黃金級認證，提供實際且有感的員工福利，例如：獎勵生育、發放育兒津貼，每胎出生先發一萬兩千元紅包，之後到孩子五足歲之前，每月津貼三千至五千元，減輕員工育兒負擔；增加員工餐廳預算，幫助員工從吃開始建立健康生活；創設「持股信託機制」，依據職等補助員工購買企業股票存股，協助進行理財規劃等。

2 由企業直接採人性化方式管理外籍員工，例如：協助媒合銀行辦理專案貸款，讓亟需用錢的員工毋須冒險向地下錢莊借貸；提供菲律賓食物，一解員工思鄉情；疫情期間提供專屬的單人隔離宿舍供居家檢疫或隔離的員工住宿，保障員工健康。

3 成立「台灣晶技教育基金會」，以教育為主軸，協助偏鄉孩子發展天賦、加強教育，並與起家厝所在的北投社區合辦樂齡推廣，邀請「晶技 OB 會」的退休員工擔任講師，指導長輩學習各項活動。

技嘉科技製造事業群總經理孟憲明（中）期許，要讓技嘉成為像家一樣的幸福企業，以達成「創新科技、美化人生」的創業初衷。

技嘉科技南平廠

多元賦能，為員工的人生增值

透過完善且多元的教育訓練體系，
為員工的專業與生活賦能，
提升了同仁的生命價值，為企業留住可貴的人才，
也讓企業在實踐社會責任的路上邁進一大步。

一群技嘉科技的新鮮人，正坐在公司位於桃園平鎮南平廠的會議室中，聚精會神地接受入職後的第一場教育訓練。六小時的新人訓練課程，是他們第一手觀察、認識公司的好機會；講師輪番上陣，透過不同面向，精準傳遞以「誠信經營」為核心的《企業行為準則》精神。

休息時間，大家喝口水、喘口氣，分享彼此心得——已經報到一陣子的同仁，交流著那些恍然大悟的事項，畢竟若缺少系統化的介紹，對於許多內部行政流程還是一知半解；剛加入研發部門的幾

位新人，則聊到課堂講師對於智慧財產權的闡述，釐清迷思和誤區，讓大家收穫良多，對於未來工作很有幫助。

扎實內訓建構新人即戰力

「踏入一個新的工作環境時，需要快速認識企業文化、與團隊磨合，才能全力投身到工作中，」技嘉科技製造事業群總經理孟憲明記得自己三十年前身為職場新人時的心境，當他成為領導人，也不忘換位思考，從員工需求的角度安排教育訓練內容，因為「每個員工都是公司重視的資產，所以我們重視教育訓練；有了足夠的培訓，員工才能比較快從工作中成長、獲得成就感。」

尤其對於電子業生力軍來說，認識並了解最新版的責任商業聯盟行為準則，在勞工、健康與安全、環境、道德規範與管理體系等五大範疇的最新發展趨勢，更是至關重要。

孟憲明指著忙碌的現場作業區說：「與廠區相關的工作，幾乎都必須緊扣著 RBA 行為準則，如果工作與現場有關聯性的，就必須針對這方面加強認識。」

不過，這只是入門課程，接下來每個人就得上緊發條。

回到各自的單位不久後，人資部門便會依據職務性質、內容所需具備的知識與觀念，搭配所屬營運點及工作廠區特殊性等，給予額外的新人訓練，同時主管也會安排資深同仁擔任新鮮人的直屬學長姊，手把手傳授新鮮人各種職能技巧，確保他們能夠迅速進入備戰狀態。

培訓結束後，正式進入實務工作，新進人員才要開始面臨各種挑戰。

「這個階段，賦能是公司的義務，而持續進修則是員工為職涯負責任的表現，」孟憲明提到，只要是技嘉人，就必須具備創新與改善、問題解決與分析、自我學習發展、成本品質意識、溝通協調及團隊合作等六項核心工作職能，而公司的責任就是協助員工順利掌握這些職能。

專業賦能，強化競爭力

然而，能力的養成並非一蹴可幾。

於是，一方面，公司各事業群陸續安排內部專業訓練課程，如：邀請產、官、學界知名人士辦理趨勢講座與科技論壇，提供同仁最新的研究、技術及政策等相關發展資訊；另一方面，法律、財務及會計等相關部門，則分別提供相關專業訓練，搭配外訓及分享

技嘉科技製造事業群總經理孟憲明認為，公司的責任就是協助員工掌握工作職能，除了內部培訓，也以補助費用，鼓勵員工學習所需技能。

會議，逐步為員工充實基本專業能力。

與內訓畫標射靶、強調增加即戰力的職能強化不同，外訓大多是知識的累積，也許短時間不一定派得上用場，但是厚積薄發，在職場上發揮的疊加效果也相當驚人。

「所以，我們採取補助費用的方式，鼓勵大家依據自己的興趣與需求，自行報名外部教育訓練，充實外語、技術、管理、財務或會計等專業技能，也訓練同仁擔任講師，在單位內開課或分享，」孟憲明長期以來在高雄科技大學、中原大學、逢甲大學及東海大學等多所大專院校兼課，對於同仁有更深的期許：「我希望同仁在公餘報考研究所，以豐富的實作經驗結合學術理論，強化自身專業競爭力。」

鼓勵進修，開拓視野

「我們還有『斐陶斐』喔！」談到技嘉科技南平廠的學術風氣，孟憲明聯想到幾位進公司後才回校進修卻表現優異的同事，便滿面笑容，深感自豪地說。

斐陶斐榮譽學會設立至今已超過百年，主要是獎勵學術表現優異的年輕學子與研究學人，而根據學會推薦標準，國內大專院校大學部、碩士及博士應屆畢業生要獲得推薦、成為「斐陶斐榮譽會

> “對組織來說，團隊共識的建立必須被練習，
> 而非理所當然。”
> —— 技嘉科技製造事業群總經理孟憲明

員」，過程相當不簡單；以碩士畢業生來說，每所學校的每個學院僅能推薦該院應屆畢業生人數的 3%。

也就是說，即使以所上第一名成績畢業，都不見得拿得到加入斐陶斐榮譽學會的門票，而能夠獲得推薦的學生，在學術上的表現自然可說是頂尖中的頂尖。

技嘉科技南平廠廠務部行政管理課資深副理陳珮翎，便是斐陶斐榮譽會員。

陳珮翎笑說：「坐得離孟憲明近的同事，就很容易成為他的目標，常常被問：『什麼時候要考研究所？』」至於他個人，則是當時恰好認為自己工作上需要有所突破，希望能夠精進在企業管理上的學術知能，於是報考了嘉義大學管理學院碩士在職專班創意產業經營管理組，花了兩年多時間，以外籍移工的生活管理制度相關研究拿到管理學碩士，也正好可以運用在工作上。

不過，孟憲明鼓勵員工報考研究所，其實還有更深的期待。

「策略管理學大師司徒達賢認為，事情要看陽性面和陰性面，」相對於有部分企業認為，員工進修容易影響工作，所以採取消極態度，孟憲明抱持相反看法：「他們念完碩士班之後，更容易從主管的角度看事情、聽懂主管說的話，規劃和解決問題的能力也迅速倍增，對於單位和企業發展都是一件好事。」

正因如此，即使員工只是為了私人原因而去進修，孟憲明也相當鼓勵。

「踏入社會那麼多年，決定重拾書本，原因很單純，就是想給進入青春期的孩子一個好榜樣，」另一位斐陶斐得主、技嘉科技資材處管理部代經理鄧群黨，他已經在技嘉科技服務二十一年，和妻子分別考進陽明交通大學和清華大學，「我想讓孩子看到，爸媽工作那麼忙都可以抽出時間來進修，孩子也應該要能好好安排時間，認真念書。」

練習建立團隊共識

近年來，不少企業會引進員工協助方案（Employee Assistance Program, EAP），系統化、制度化解決組織內部會影響個人生產力的問題，而完善的教育訓練制度是其中相當重要的內涵。

不過，技嘉科技主管的做法，跟一般想像的不太一樣。

「剛開始承擔責任與帶領團隊的新手主管，仍在學習目標設定、賦能授權、溝通與領導、賞罰分明及變革領導等五項管理職能，把他們綁在一起工作一、兩年，不如讓他們一起出去玩一、兩個星期，彼此互相學習、激盪碰撞出來的火花，吸收之後再回到職場，反倒會產生加乘效果，」孟憲明認為，像共識營這種模式，會是比較自然、有效的學習。

當團隊成員對周遭狀態存有相同想法，便更容易凝聚向心力，但「對組織來說，團隊共識的建立必須被練習，而非理所當然，」孟憲明強調。

孟憲明對於任務目標設定採取開放的態度，所以，除了一般人熟知的馬拉松、溯溪等極限挑戰，就連看電影也可以成為共識營的活動之一，「曾經有團隊去看《玩命關頭 6》，當下享受了賽車電影的感官刺激，看完之後則是將電影裡面的每個細節提出來討論、尋求共識。」

目前擔任技嘉科技品保部進料品質管制課副理的傅美華，曾在 2010 年參加過共識營，對她而言，當時要完成哪些挑戰都已不復

技嘉科技藉由舉辦共識營，打破許多人曾經抱持的單位本位主義，改為追求共好，進而在無形中改變組織文化。

記憶，但她深刻記得，在小組互助、完成任務的過程中，無法單打獨鬥，也沒辦法逞英雄，打破了許多人曾經抱持的單位本位主義，改為追求共好，包含她自己也是其中一份子。

「過去，我若是在工作上發現問題，總是先思考『誰該負責？』如果不是我的問題，就丟回相關單位，」然而，傅美華從共識營回到辦公室之後，做事方法和態度從此大轉彎，「我改成先思考『怎麼解決？』一起幫對方想出解決方案，這種改變對品保來說其實相當重要，可以加快整體工作效率。」影響更深遠的是，她用同樣的邏輯帶領部門裡的組長和工程師，無形中改變了單位的組織文化。

可惜，後來因為廠區少，較難將人員打散成全陌生的混合組隊模式而停辦多年，改以每半年至一年舉辦一次的主管共識會議代替，但隨著美中貿易戰爆發前夕，技嘉科技看準趨勢大舉返台投資，擴大產線，還準備加碼設立智慧工廠。

在疫情過後的現在，孟憲明認為，「是時候重啟共識營了，而且可以再往上擴展至處級主管。」對技嘉科技來說，處級主管扮演的是承上啟下的關鍵角色，也可說是高階管理群與基層主管、員工的橋梁。

孟憲明強調，除了重啟主管共識營，還必須搭配其他訓練，「一方面，我們希望他們有辦法為公司選才，所以會加強他們在人才招募及面談技巧的訓練；二方面，會透過適合的講座與課程，開拓他們的視野，成為合格的高階管理儲備人才。」

生活賦能，幫員工平衡身心靈

綜觀各大企業發展出來的 EAP 方案，可以歸納出整體的趨勢變化——初期，多半著重強化建立法律知識；之後，隨著一波波金融風暴影響，財務規劃與相關知識的重要性也水漲船高；到了近幾年，追求身心靈平衡則蔚為風潮。

「相較於其他產業，在科技業，企業要照顧員工的身心靈平衡，必須把員工的年齡或年資組成納入考量，」孟憲明說。

> “ 按照員工需求和社會脈動為生活賦能，
> 也是企業落實社會責任的展現。”
>
> —— 技嘉科技製造事業群總經理孟憲明

員工年齡或年資和身心靈平衡的關聯是什麼？孟憲明賣了個關子，接著分享他在業界和學界綜合觀察多年的心得：

「在高度依賴技術的科技業，新人帶來的新技術和刺激是活化組織的重要力量；而不論在現場或辦公室，擔任中堅份子的基層主管都扮演著穩定的力量；至於資深員工，則由於他們對工作嫻熟，常能在緊急時臨機應變，發揮神來一筆的力量。所以，要在科技業職場達到身心靈平衡，必須以 5：2：3 的老、中、青員工比例，達到壓力平衡。」

更重要的是，該如何避免人員高流動性，為單位或組織帶來的壓力與緊張感，進而影響員工身心靈平衡，孟憲明也給出了答案：「無非就是合理的薪資及人事結構與完善的福利制度，這絕對是留住新進或資淺員工的關鍵。」

另外，工作並非人生的全部，因此，「除了專業賦能，按照員工需求和社會脈動為生活賦能，引入外部資源，透過各種課程、講座抒壓，達到身心靈平衡、為人生增值，也是企業落實社會責任的展現，」孟憲明說。

提供可以好好過日子的薪水

2021 年、2022 年，技嘉科技連續兩年年營收突破千億元，並同時獲得由美國商業雜誌《富比士》（*Forbes*）與市場研究機構 Statista 共同發布的「全球最佳雇主」殊榮。問起孟憲明技嘉科技能夠勝出的原因，他說：「應該是我們對人才培育的積極、開放態度吧！」

回想起當初加入技嘉科技，孟憲明就是負責南平廠開廠，至今已經二十三年，他一一細數幾位資深員工的名字，都是年資超過十五年的員工，「像他們這樣資深的人才，在技嘉占了七成，為什麼？因為我們知道，留才不能講空話，必須講究『公平的價值交換』，最實際的做法就是把薪資數字攤開來看。」

從台灣證券交易所、證券櫃檯買賣中心公布的資料顯示，2022年技嘉科技非擔任主管職務之全時員工平均年薪為140.9萬元，在上市櫃公司中的電腦及周邊設備業者排名第九。孟憲明表示，人資部門會不定期檢視同性質產業的經常性薪資標準，希望技嘉科技至少維持在前20%的標準，「就連外籍移工的薪資標準也一樣高於最低工資，我們希望他們實質上拿到的薪水，是可以好好過日子的。」

個性灑脫中帶點感性的孟憲明，期許技嘉科技成為像家一樣的幸福企業，每個人都能在這個大家庭的照顧下過得更好，也把下一代照顧好，「等到孩子長大，一起加入技嘉，再照顧更多的人，就能達成我們『創新科技、美化人生』的創業初衷。」

（文／陳筱君・攝影／黃鼎翔）

ESG 實踐心法

技嘉科技南平廠開廠二十三年至今，訴求「以人為本」，分別為新進人員、專業職同仁、課部處級主管，規劃以職能為基礎的專業訓練課程，同時鼓勵同仁透過外部訓練、進修增能，因此獲得2022年「桃園市金牌企業卓越獎」的「好福企」獎項肯定。而為了實踐ESG，技嘉科技南平廠在社會責任面向做到了：

1 完善的新人教育訓練：課程內容除了基本的企業介紹與願景之外，最重要的是這幾年在每個產業都相當重視的智慧財產權與個資法相關規範，而與職場身心靈安全、健康有關的勞工安全衛生教育，以及近年來非常重要的永續、綠色品質政策，也都囊括在內。

2 舉辦主管共識營：來自各部門打散重組的團隊成員，經過活動，從陌生到熟悉，工作上需要跨單位合作時，可以成為彼此互相支持的幫手；也有許多小組因此成為好友，參與彼此結婚、生子等人生大事。原本內向的人透過營隊，觀察、學習其他部門或資深主管與同仁相處的技巧，再重新審視自己的人際關係，對於工作或帶領團隊都能更有信心。

3 公平的價值交換：留才不畫大餅，以實質的薪資與分紅，鼓勵員工為公司打拚。以2021年來說，受惠於疫情期間全球消費性電子產品買氣旺盛，以年薪294.5萬元勇奪該年度上市櫃電腦及周邊設備業的員工平均薪資冠軍。

林口長庚醫院院長陳建宗認為，透過智慧化，能將醫療人員從繁冗的過程中解放出來，進而提升醫療照護效能與品質。

林口長庚醫院

期許落實醫療平權

以在地人的心關心在地人的事，
林口長庚透過智慧工具輔助，
完善院內醫療與社區日常照顧，
致力消弭醫療落差。

走過近半個世紀的歲月，從早期醫療資源匱乏的時代，進入醫療能量成為台灣立足國際的軟實力之一，林口長庚紀念醫院（簡稱林口長庚）不僅是亞洲大型私立醫院之先河，也是全台急重症醫療的重要據點。

2019 年新冠肺炎疫情興起，讓桃園的林口長庚擔負起國境守護者的重任，為入境者進行核酸檢測（RT-PCR），每天最高可達五千八百人次，2020 年檢驗量能占全國 24%，並且在疫情期間承接了全國 17%的重症治療。

承載將近全國四分之一的檢驗量，讓人看見一間醫院的實力，但這一切其來有自。

「2003 年 SARS 侵襲之後，林口長庚就很重視新興感染症人才培訓，並開始進行檢驗中心升級工程，採用自動化儀器設備支援檢驗，而院內的 P3 病毒實驗室更是全國第一個由疾病管制署授權執行核酸檢驗的團隊，能迅速培養新冠肺炎病毒株，進行病毒全基因定序，建立中和抗體檢驗平台，對國家防疫貢獻甚大，」林口長庚醫院院長陳建宗談到。

不僅如此，隨著疫情延燒，政府為了降低群聚感染風險而推行視訊門診，林口長庚第一時間就能立即啟用，是因為「在推動智慧化過程中，視訊裝置已是林口長庚每間診療室的基本配備，」陳建宗自豪地說。

發展以病人為中心的智慧醫療

「如果一家醫院沒辦法把資訊做好，就沒有競爭力，」陳建宗談到，秉持這樣的信念，林口長庚數十前年就開始推動數位化、智慧化。

創院之初，長庚就導入電腦化系統管理機制，包括：掛號批價、行政管理和帳務系統，從 2000 年開始推動電子病歷，並發展結構化病歷與 AI 應用；之後，又陸續成立 AI 核心實驗室、建置高速運算中心……

「這一切，都是以病人為出發點，期望加速更多 AI 解決方案進入臨床應用，提供病人更好的醫療服務，」陳建宗談到，「林口長庚積極建立結構化病歷、影像擷取傳輸系統（PACSs）等資料庫，對臨床或研究都極具價值，因為整合了蒐集到的大數據，並開發各項演算法，就能做為輔助診斷、預測疾病、判讀醫療影像，以及藥物開發等面向的決策參考。」

減輕員工負擔也兼顧病人照護

除了協助臨床診斷及照護，智慧化也可以更有效管理醫院，做出更及時正確的決策，進而在減輕員工過多負擔的情況下，讓病人獲得更好的照護。

林口長庚導入包含資料整合、資料分析及視覺化呈現功能的商業智慧（Business Intelligence, BI）工具，透過雲端平台，快速彙整感染管制、臨床藥學、加護病房、急診醫學、經營管理、醫療品質監測、產房、兒科照護及各項疾病照護等主題面板，即時監控、預警各部門重要資訊。

在疫情期間，BI 為林口長庚的醫院管理扮演了重要的角色。

擁有高達近三千五百床病床的林口長庚，面對如此大量的病房與患者，要預防院內感染，是相當艱巨的挑戰。於是，林口長庚啟動「感染管制智能監測儀表板」應戰，由中央系統監測病房裡的病人體溫，一旦發現異常數據，透過 BI 便可即時知道哪層樓的病房有人發燒。

> “如果一家醫院沒辦法把資訊做好，
> 就沒有競爭力。”
>
> —— 林口長庚醫院院長陳建宗

陳建宗解釋：「如果發燒病人的人數超過 10%，面板上會出現黃色警示；如果超過 30%，面板會顯示為紅色，院方就可以立刻派出感染症醫師團隊前往處理。」再進一步結合發燒病人的 X 光診斷，及早過濾分辨出哪些病人需要高度懷疑是否確診。

「我們的數位化、智慧化，有遠大的願景藍圖，做好通盤規劃後便全面推進，」陳建宗強調，林口長庚成立專案團隊推動「智慧醫療」，並擬定「醫療的品質、病人的安全、創新的服務、平台的整合、流程的簡化」，做為持續智慧化的五項主要目標。

2019 年，林口長庚成為台灣第一家達到美國醫療資訊暨管理系統協會電子病歷採用模式（HIMSS EMRAM）國際認證最高等級的醫院；2022 年，林口長庚再參與 HIMSS 數位醫療指標評選，評選面向涵蓋「資訊交互運作能力」、「以人為本的健康照護」、「預測性分析力」、「治理和勞動力」四大範疇，獲得全球第二名、台灣第一名。

「參與這項認證最大的意義，是要檢視資訊系統是否對醫院營運、提升醫療品質與病人安全發揮全面性的效益，並且有助於確保醫療資訊化與國際標準接軌，」陳建宗說明林口長庚的用心。

提升服務品質與效率

透過智慧化，也能提供更友善病人的醫療環境。其中，讓病人最有感的，就是到醫院就診、住院或領藥，都能省去許多漫長枯燥的等待。

「過去，要打門診預約掛號電話，得一直按鍵轉接，常讓許多人抱怨連連；現在，透過林口長庚新開發的智慧化客服系統，病人撥號後只要直接與系統對話就可以預約掛號，平均比過去按鍵轉接節省一半的時間，」陳建宗笑著說。

智慧化客服系統也具有查詢掛號、更改就醫時間等功能；如果有用藥問題，病人也可以透過確認領藥日、提出用藥疑慮等功能，查詢用藥安全資訊，及時得到協助。

此外，病人到醫院就診時，透過智慧系統報到，系統會提醒病人看診前需要完成哪些檢查，並且自動排程最佳檢查時間，病人可以先去人較少的檢查單位；針對八十五歲以上的病人，系統也會安排他們提前檢查，避免高齡者身體狀況不耐等候。

智慧醫療的最大益處，是防錯及減少工作負擔，大幅提升醫療安全與效能，也有效減輕第一線醫護人員的壓力，降低人力資源耗損。以檢驗檢查為例，面對每天上萬支檢體，林口長庚設立檢體自動化軌道系統，透過智慧化系統把關，把檢驗報告沒有及時發出、檢體送錯、給錯藥物等，種種可能因為人員疲勞或忙碌造成的錯誤降到最低。

營造友善作業環境

忙碌的醫療現場，任何一個疏忽都可能造成遺憾，醫療人員承受著莫大的壓力，而智慧醫療的協助，可以為第一線醫護人員營造更友善的作業環境。

為此，林口長庚在 2018 年導入智慧藥櫃，建置智慧藥局，提升給藥的正確性和速度性。

舉例來說，過去在加護病房，即使想要給病人緊急用藥，在醫師開立藥囑後，護理師得到藥局填寫紀錄單，經過審核才能取藥，

林口長庚醫院建置智慧藥局，大幅提升病人藥物治療的時效品質。

取藥過程又必須反覆核對，確保藥品正確。

有了智慧藥櫃後，藥師通過資訊系統線上審核藥囑，護理人員只要在病房護理站智慧藥櫃讀取員工證，點選已審核完成的藥品，對應的藥品格子便會打開，就能直接取藥，同時完成取藥紀錄。相較於過去，緊急給藥時間要超過五十分鐘；現在，只要十七分鐘即可完成，大幅提升病人藥物治療的時效品質。

又例如，為減緩開刀房醫護人員的負擔，林口長庚手術室配置可負重兩百公斤的無人搬運車，透過中控系統，在醫護人員抵達開刀房前，先一步將所需醫材送達，不但提高時效、節省人力，也能避免開刀房人員搬運手術醫材造成的負擔與職業傷害。

「透過智慧化的革新，把醫療人員從繁冗的流程中解放出來，不僅讓藥師能有更多時間提供臨床及病人的藥物諮詢，護理師也可以提供更好的臨床照護，進而提升醫療照顧效能和品質，」陳建宗欣慰地說。

精進員工技能並深化醫學研究能力

做為第一線的醫療人員，必須不斷精進專業能力，然而醫學知識可以靠自己努力，手術技巧的學習卻相對困難許多，特別是對於外科體系住院醫師及年輕主治醫師的訓練而言，經驗值格外重要。

「大體老師在國內並不盛行，不足以供應教學使用，實際進開刀房時，又有很多動作都是轉瞬即逝，很難仔細看清楚，加上微創手術愈來愈多，視野與傷口都很小，讓住院醫師更難有機會操刀，無法有效傳承，」陳建宗談及外科手術訓練的種種困境。

為了解決這些難題，林口長庚啟用了「手術技能訓練暨研發中心」，讓資淺的住院醫師在實際進到開刀房參與手術前，透過模擬練習，了解並熟悉手術執行方式，以及過程中可能遇到的問題及解決方法。

在訓練中心的一場「大體肩膝關節鏡手術實作研習會」中，學員透過大螢幕，清楚看到手術過程中老師的手部細節動作及關節鏡內影像，學員自己也能透過手術模擬器進一步親自操作練習，有助於熟悉操作角度及手感。

參與的學員非常肯定這樣的訓練模式：「以後面對真實的病人，我能更有信心地進行關節鏡手術。」

「各類創新手術技術研發或是實作演練，都可經由手術技能訓練中心來精進，從年輕的住院醫師到資深的主治醫師，都能在這裡得到完整的訓練，」陳建宗自豪地說。更重要的是，有了訓練中心，就能提前模擬訓練，不必再像以往，跟著老師在病人身上「練刀」，對醫療品質和病人安全都能大幅提升。

人才是醫院的重要資本，林口長庚持續投入資源培育研究人才，鼓勵創新研發，希望能有助於臨床醫療。

對此，陳建宗相當自豪：「我們不但有二十七位同仁入選美國史丹佛大學公布的『全球前 2% 頂尖科學家終身科學影響力排行榜』，更擁有三位中央研究院院士。」

除了投入大量經費，林口長庚也積極完善研究環境，例如，新建的研究大樓，配有全國醫學中心最大型的動物實驗中心，以協助臨床試驗研究。

「透過建置研究環境、投入資源、聘請研究顧問，多管齊下充實研究量能，」陳建宗相信，「這樣不僅能吸引、培育更多優秀人才，也使得林口長庚從事的研究非常多元且彈性，可以與生技、科技公司合作，也能不倚靠外援，自己投入研發。」

「近年來，林口長庚有 28 件創新研發專利技術，進行技術移轉並持續開發，像『腕部舟狀骨骨折偵測軟體』，是台灣第一件以醫療院所名義取得醫療器材查驗登記許可，能輔助臨床醫師在不明顯的腕部舟狀骨骨折進行判別，降低病人來回就醫的不便，未來更可應用於遠距醫療。」

讓醫療不再遙不可及

林口長庚的智慧化醫療服務，不只局限在醫療院所內。

由於山地偏鄉居民就醫不便，桃園市復興區的三光里、高義里、華陵里，不僅沒有診所和藥局，居民要到較大型的醫療院所都得耗費三小時車程。

「林口長庚做為桃園市唯一的醫學中心，我們希望、也有社會責任，讓偏遠地區的居民享有醫療平權，」陳建宗談到。

2002 年，林口長庚在缺乏醫療系統的復興區後山成立「華陵醫療站」，二十多年來，撐起了當地居民的醫療照護。

然而，儘管有心服務偏鄉民眾，但在空間與人力規劃上，華陵醫療站僅有林口長庚的家醫科、新陳代謝科醫師和護理師駐點服務，其他專科醫師只是輪流上山，對於當地居民的許多疾患難以及時救治。

為了解決這個問題，林口長庚開發出遠距醫療設備，以便深入更偏遠的山區進行巡迴醫療，讓行動不便的民眾毋須跋涉到華陵醫療站。

一位復興區居民就談到：「之前眼睛看東西都會模糊，但如果要下山看醫生，早上六點多就得出門搭車，如果沒搭上十二點多的公車，就要等到下午四點，往返要耗費一天，一直讓我很猶豫，遲遲沒有去醫院。」

所幸，林口長庚的遠距醫療設備解決了他的煩惱。

透過遠距醫療設備，可以連線林口長庚院內專科醫師視訊會

> “做為桃園市唯一的醫學中心，
> 我們希望、也有社會責任，
> 讓偏遠地區的居民享有醫療平權。”
>
> —— 林口長庚醫院院長陳建宗

診，從遠端直接操控鏡頭看診，協同現場醫師，利用手持式檢查設備，如：五官鏡、超音波檢查裝置，進行眼底視網膜檢查，也能透過高解析度影像，清楚觀察到病人的皮膚病灶。

病人不用奔波下山，就能接受專科的醫療服務，大幅提升就醫的及時性與便利性，讓醫療之於偏鄉不再遙不可及。

一直以來，林口長庚以「在地人的心」關心「在地人的事」的精神，投入周遭的社區健康照護。

林口長庚自 2011 年起，逐步在桃園市龜山區 32 個里設置社區健康守護站，投入鄰里社區的預防醫療，推廣規律運動、健康飲食等生活習慣，協助營造高齡友善社區環境，期望大環境步入高齡化社會之際，有更多長者能健康老化。

為了讓高齡者有更健康的銀髮生活，林口長庚進一步主動提供有需要的長者智慧穿戴式裝置，能隨時回傳數據，追蹤日常生理數字，當有異常狀況時，院方便會提醒病人注意。

「透過智慧化、遠距醫療，我們能做的愈來愈多，」陳建宗談到，「不只是醫院內後端的醫療，更能積極落實預防醫學，觸及到社區端的日常照顧，全方位守護民眾的健康。」

（文／陳培思．攝影／黃鼎翔）

ESG 實踐心法

林口長庚以病人為中心，開展各項智慧化醫療服務，為全國首家獲得「智慧醫院標章」的醫院，多年來也持續投入 AI 研究，輔助臨床醫療決策，致力提供病人更安全的就醫環境，因此獲得「桃園市金牌企業卓越獎」中「智多星」獎項的肯定。而為了實踐 ESG，林口長庚在社會責任面向做到了：

1 經歷 SARS 風暴，提前規劃檢驗中心能量升級。

2 以病人為中心出發，提升醫療安全及品質，建置智慧化系統大幅提升安全與效能，同時有效減輕第一線醫護人員的負擔與壓力，營造友善職場環境。

3 以智慧醫療裝置，為偏遠地區提供更及時的專科醫療服務，同時落實預防醫學。

4 自 2006 年起，依據 ISO 標準盤查全院區溫室氣體排放量，並自 2011 年導入 ISO 能源管理系統，持續改善各項能源與採購、運輸等構面，且自 2015 年迄今之新建物皆具綠建築認證。

運籌網通建立雲平台，協助廠商完善供應鏈管理，進而提升國際競爭力。左三為運籌網通執行長彭麗蓁。

運籌網通

向世界展現台灣軟實力

運籌網通以人為出發點，設計智慧化的協作平台，
讓全球運籌管理工作變得簡單，
相關人員臉上也開始綻放笑容，
更讓全球業者看見台灣的軟實力。

「我們的產品雖然看不到、摸不到，但至關重要，」運籌網通執行長也是創辦人的彭麗蓁強調，「就好像人體靠神經網絡傳遞訊息產生動作，對台灣科技業而言，我們就是供應鏈的神經網絡。」

運籌網通的核心產品「GLORY Cloud Platform」雲平台，是台灣規模最大的 B2B 供應鏈物流雲端平台，每年經由平台運送貨物數百萬運次、金額高達數千億元。

不僅如此，做為台灣科技業供應鏈背後的重要軟實力，運籌網通甚至幫助台灣科技業度過 2014 年 SARS 及 2019 年新冠肺炎兩次

疫情危機。

發現科技製造業的痛點

相較於許多公司業務在疫情期間蕭條停擺，運籌網通卻是加倍繁忙，新客戶數呈現倍數成長。

為何會出現這種情況？

「疫情爆發後，企業必須分流分地工作，但多數企業內部系統無法在企業外部登入，而運籌網通 GLORY Cloud Platform 能夠提供嚴謹的資安把關，讓人員可以遠端操作，協助企業正常進出貨，」彭麗蓁自豪地說，「即使面臨供應商人力短缺，班機及貨櫃不足、港口混亂等嚴峻挑戰，但我們的雲平台發揮兩千多家物流業群聚及系統整合效益，讓台灣高科技貨物能夠完美送往全世界。」

創辦運籌網通前，彭麗蓁曾擔任國防部中山科學研究院系統規劃師，負責國軍武器研發料件的後勤系統，之後擔任 IT 軟體顧問，在科學園區接觸台灣上百家上市高科技製造業。一路以來的所見所聞，讓她發現了台灣供應鏈管理與國際物流作業的瓶頸。

「這些企業的產品很高科技、研發製造過程非常自動化，但後勤工作卻停留在傳統的人工作業，」彭麗蓁指出，「當產品製造完畢，開始要送到客戶手上的這一段，數位化或自動化都相當落後。」

由於供應鏈管理與國際物流作業缺乏數位化及自動化，經常發生斷鏈效應。因為一小時的延誤、一份文件錯誤，引發整個供應鏈一連串問題，衍生額外成本，甚至無法如期交貨，影響企業商譽。

「台灣製造業所有沒效率的事，幾乎都出現在最後這一段。台灣企業要轉型、提升國際競爭力，勢必要解決這個問題，」彭麗蓁看到台灣科技製造業的痛點，開始思考如何協助業者解決這「最後一哩路」的挑戰。

解決最後一哩路的挑戰

相較於業務、研發部門，進出口通常並非企業的核心作業項目，往往分配不到資源，且儘管多數企業已導入企業資源規劃（ERP）系統，依舊無法幫助相關人員事先做好完善的供應鏈管理及國際物流規劃監控。

「因為供應鏈進出貨的過程，並非僅在企業內部運作，涉及聯繫外包工廠、海空運承攬業、卡車、報關行、船公司或飛機等，必須和眾多外部協力廠商共同合作，而企業 ERP 系統並不支援這段作業，」彭麗蓁解釋，「物流過程繁瑣，整合眾多協力廠商的成本很高，企業主通常沒有足夠預算建置系統，造成軟體公司缺乏投資開發解決方案的意願。」

但，「這是很重要的需求缺口，也是很好的機會，」彭麗蓁研究國外做法後，決定建立一個雲端協作平台，整合製造業客戶和與其合作的第三方，如：供應商、運輸業者等，集中在一個平台上，透過系統傳遞上、下游資訊及指令，讓供應鏈夥伴共享即時資訊，

> “我們並不是告訴物流業者該怎麼做更好，
> 而是幫助企業選到合適的廠商，並優化流程。”
>
> —— 運籌網通執行長彭麗蓁

並協同作業。

2004 年，彭麗蓁得知宏碁集團創辦人施振榮剛成立智融創投，「我覺得施先生領導科技業多年，對這個產業的痛點應該很有共鳴，所以決定寫一封 e-mail，向他說明我想創業的內容。」

果然，「施先生聽完之後，認為雲端產品符合未來趨勢，市場上還沒有類似的產品，談了兩次他就決定投資，」彭麗蓁談到，「施先生與有『矽谷創業之神』稱號的陳五福先生領頭，邀請台灣運輸龍頭長榮集團及和利資本（CTC）共同投資五百萬美元，期望運籌網通的產品可以幫助台灣高科技業完善供應鏈管理及國際物流的軟實力。」

提供符合需求的選商機制

貨物配送的過程繁瑣且環環相扣，選擇優質的合作夥伴是供應鏈管理的關鍵步驟。但，誰才是真正的好夥伴？

「企業都想挑選到價錢好、速度快、服務好的物流業合作，然而每一家物流業擅長的航線、運送方式都不同，」彭麗蓁談到，「傳統進出口業者，他們手頭上通常只有十幾家物流商名單，一旦面臨新廠區、新航線或是油價漲跌，選商並不容易。」

依照彭麗蓁的觀察，傳統的選商與計價方式面臨三大問題：一是沒有足夠商情資料庫滿足彈性的全球供應鏈需求；二是物流廠商的報價項目不同，選擇標準通常依賴作業人員的主觀經驗；三是國際物流費用項目高達數千種，換算每天匯率變化，核對廠商結帳金額成為一件非常困難的事。

「我的目標，就是要除去這些繁瑣又沒效率的過程，」彭麗蓁指出，她希望透過平台系統，將詢價標準化、報價數據化、選商科學化、結帳自動化。

「我們並不是告訴物流業者該怎麼做更好，而是幫助企業選到合適的廠商，並優化流程，」彭麗蓁說明，平台上有兩千多家物流業者，客戶只要按照自己的運送需求，設定好參數，系統便會依據客戶需求，加上準點率、文件正確率等數據，乘以權重，透過演算法選商，之後再主動發送標準化標單給合適的物流業者，讓各家物流業者統一報價，再根據客戶需求自動比價、自動配量，就風險、成本等各種綜合考量，分散運輸比重給不同物流業者，為客戶配置出最好的組合。

在推進雲端服務的漫長過程中，運籌網通執行長彭麗蓁（左二）帶領團隊堅定地朝理想邁進，不曾感到懷疑，因為她相信自己在做對的事。

「最讓進出口人員開心的，是系統每天會依最新進度自動計算物流費用，物流業者可以直接在平台進行核對及請款作業，不需要再由進出口人員人工審核，」彭麗蓁笑著說，物流業在配合平台的標準流程中，還可能跟隨企業成長轉型，願意投入更多資源在系統整合中，以便獲得更多訂單，「這會是高科技製造業、物流業雙贏的局面，也是供應鏈管理成功的關鍵要素。」

即時發現問題並加以解決

對企業而言，面對供應鏈管理與國際物流，最困難的就是異常處理及消弭異常。

「傳統進出口流程，通常是到最後接到客戶抱怨才曉得出了問題，回過頭責備進出口部門，」彭麗蓁解釋，這並非進出口部門的錯，而是企業和廠商有各自的內部系統，卻沒有接口做系統整合，在供應鏈上變成一個個「資訊孤島」。

為了解決資訊孤島的問題，運籌網通開發「G-link」及「Global Event Manager」軟體，負責整合企業及協力廠商的內部系統，即時傳遞指令資訊，並監控整個流程，一旦發現與計畫不符，便會立即通知進出口人員並給予處理方案。

「以前企業的產品要上飛機前，前置時間大約得耗費半天到一

> “藉由雲平台，大幅減輕後勤人員工作量，
> 他們臉上開始展現笑容，是我最想看到的一面。”
> ——運籌網通執行長彭麗蓁

天準備，現在，透過平台作業，可以縮短在四小時內完成，」彭麗蓁自豪地說，「我們的系統不但大幅提升了供應鏈的透明度，消弭重複作業，也讓上、下游有更充裕的時間做好服務。」

「國際物流作業看起來很龐雜，其實很多都是數學問題，只要透過歸納整理，設計變數、建立演算模式，就可以系統化、根本性地解決問題，」應用數學系出身的彭麗蓁，很擅長從紛亂的問題中梳理出頭緒，設計智慧的解決方案。

由於科學選商，效率提升、異常減少、庫存降低，成本自然就會下降，平台系統也會依據不同工廠的出貨時間自動併單，指派卡車多點提卸貨，「國際物流總成本節省可以高達 30%，」彭麗蓁補充。

此外，供應鏈會受全球經濟情勢影響而持續變動，企業經常需要移動到新地方設廠，進出口部門如何讓全球運籌不致中斷，成為影響企業國際化成敗的重要因素之一。

「這個問題，我們的雲平台也能協助企業解決，在最短時間內讓新廠運作，」彭麗蓁指出，只要開通帳號，資料就能和總部連線，企業不管移動到哪裡，不需要購買主機，也不需要建置系統，就能無縫接軌，立刻開始進出貨作業，且可將每個國家、地區的進出貨分析統計資訊，即時反映在企業總部的戰情中心。

做對的事，不怕投入金錢與時間

如今，雲端應用已經是顯學，然而，在 2004 年運籌網通成立之初，市場尚未有「雲端」的概念。

「當我向客戶提到企業資料必須放在雲端主機時，客戶對於雲端架構及資訊安全都有很高的疑慮，我們必須花費很多力氣溝通，」彭麗蓁笑著說，「後來雲端、平台這些服務概念出現後，我終於不用再解釋了！」

處在雲服務的早期市場，剛開始的三年，運籌網通團隊先投入研發，然後再利用兩年教育市場，大約花費五年時間才爭取到第一批創新型客戶；又經過三到五年的摸索與耕耘，建立起第二階段的早期客戶群。期間，彭麗蓁熬過了 2008 年的金融風暴，直到 2014 年公司達到損益兩平，終於成功建立第三階段高科技客戶群。

在這段漫長的推進過程中，彭麗蓁帶領團隊一步一腳印，堅定地朝理想前進，不曾感到懷疑，因為她相信自己在做對的事。

「既然選擇月租模式，就有心理準備，獲利時間必須拉得很長，我很感謝創業時的投資者，因為他們對台灣軟實力有期待，願意支持我們教育早期市場，提供熬過前幾年的所需資金，」彭麗蓁感恩地說。

深化服務，形成良性循環

運籌網通一改販售軟體的傳統做法，採收取月租費的商業模式，不僅開創台灣 B2B 軟體市場先例，更是致勝的關鍵點。而這種大膽的商業模式，在彭麗蓁第一天創業時就已經確立。

「如果只賣軟體專案開發，一套全球供應鏈管理系統動輒數千萬元，很快有現金回收，但無法累積產業知識和財務收入，」彭麗蓁談到，過去市場上也有過類似的專案開發建置，最終宣告失敗。

「月租雲平台能夠勝出的原因，在於雲平台同時整合了企業和眾多協力廠商的內部系統，更換並不容易，因此客戶黏著度很高，只要我們能提供專業、穩定的服務，客戶就會一直使用下去，」彭麗蓁解釋，「這種像是電信、自來水公司的收費方式，使得財務收入有累積性，受到投資者們青睞；而持續性的收入，也能讓團隊有充分資源投入研發，保持平台功能的先進和豐富性，吸引更多客戶，形成良性循環。」

不過，收取月租費的做法，難道沒有缺點？為什麼其他業者不會效法？

「當然有缺點，」彭麗蓁指出，如果服務不好、專業度不夠、系統當機，客戶可以立刻停掉平台服務，但也正因為這一點，讓她更樂在其中：「我覺得這種商業模式可以促使團隊永不停止學習產業知識及資訊技術，雖然充滿挑戰，卻能讓我們和客戶一起快速成長。」

為了符合國際服務水準，運籌網通不斷跑在更前面，維持高水準的服務品質，且早在 2007 年便取得國際資訊安全認證，甚至和客戶簽署只有大企業才敢提出的服務水準協議（SLA）。

看見後勤人員的笑臉

運籌網通的平台讓企業用更聰明的方法，達成更多業務目標。然而，最讓彭麗蓁有成就感的，卻是可以看到進出口與後勤人員的笑臉。

「也許因為我是女性創業家，創辦運籌網通的初衷就是『以人為本』，特別在乎人的價值，尤其是從業人員在工作中得到的成就感，」她欣慰地說，「傳統進出口與後勤人員每天忙著人工繕打、聯絡瑣碎棘手的問題，花在物流計畫及商情管理上的功夫相對少很多；然而，使用平台後，工作變得非常智慧化，大幅減輕後勤人員工作量，不用再頻繁加班處理異常或核對帳單，他們臉上開始有笑容，這也是我創業十幾年來最想要看到的一面。」

更重要的，是對產業的影響。

「當初把平台取名 GLORY，就是期許我們成為台灣軟實力的榮耀，」彭麗蓁要扭轉過去台灣軟體規模小、產業知識不足、產品專業度不足的形象。

「雲端平台和供應鏈是天作之合，」彭麗蓁引用供應鏈知名雜誌觀點談到，「我很高興在還沒有人談雲端時，便在台灣創造了符合供應鏈及國際物流需求的商業模式。過去十八年來的經驗，印證了我創業時的初衷與理想。」

現在，GLORY Cloud Platform 已經累積上百家國內外客戶、群聚兩千多家國際物流業者，每年經由平台運送到全球的高科技產品高達五百萬運次。但，儘管運籌網通已經是台灣規模最大的國際物流雲平台，優化工作卻是一條永不停止的路。

彭麗蓁舉例，運籌網通推出亞洲第一個應用在供應鏈的 AI 機器人 Miss Glory，以最近的烏克蘭戰爭來說，「港口何時開放或關閉」是客戶很關心且會不斷詢問的問題，運籌網通就把這類重複性高的問題交給 AI 機器人來回答，客服人員便可以有更多時間蒐集國際物流消息，提供給 AI 機器人，進一步解答客戶疑問。

這些年的努力，讓運籌網通蓄積足夠能量邁向下一階段，彭麗蓁有信心站上世界舞台競爭：「我們不再被動等國外客戶上門，我們會到國際市場開發全球客戶，爭取國際大廠在亞洲的供應鏈服務。」對於未來，她深具信心。

（文／陳培思・攝影／黃鼎翔）

ESG 實踐心法

運籌網通以創新研發精神，早在二十年前便發展出雲端平台的概念，為台灣科技業解決供應鏈與國際物流問題，協助客戶迎接綠色供應鏈時代，也因此獲得「桃園市金牌企業卓越獎」中「智多星」獎項的肯定。而為了實踐 ESG，運籌網通在社會責任面向做到了：

1 從「人」出發，設計系統化雲端平台，改善後勤與進出口人員的工作環境，協助從業人員發現自身工作的價值。

2 放棄傳統的專案建置模式，改採月租方式收費，強化客戶黏著度，也開展出一套創新的商業模式。

「突破以往的常態，以創新思維改變現狀」，是上暘光學在光學鏡頭界立足的重要關鍵。前為上暘光學創辦人兼董事長吳昇澈。

上暘光學

突破常態才能掌握機會

從買賣光學元件到成為代理商，再到光學鏡頭設計公司，
上暘光學發揮研發優勢，堅持創新突圍，
在市場上提出獨特的價值主張，
去做大廠不願做的事，找到企業成長的利基。

汽車全自駕時代逐步來臨、AR ／ VR 應用逐漸成熟，都少不了鏡頭的需求。2022 年年底，台灣財經媒體最夯的話題之一便是「光學股重回市場人氣關注的產業」，認為沉寂多年的鏡頭產業即將重新露出曙光。

那段時間，光學概念股歡聲雷動，紛紛迎來高點；同一時間，隱身在桃園市經國路工業廠區一棟商業大樓裡的上暘光學，卻仍然維持一貫的韻律，低調運作。

無塵室裡，全身包得緊緊的工作人員，嚴謹地組裝著即將出貨

的超短焦鏡頭，確保每一顆印上「SY」（上暘商標）字樣的高階鏡頭，達到 4K2K 的完美解析度。

「光學鏡頭只是終端產品的眾多元件之一，卻會直接左右產品規格；而高階鏡頭良窳的關鍵，在於光的同軸度不能有太大誤差……」遇到外賓參訪，上暘光學創辦人兼董事長吳昇澈只要時間允許，必定親自陪同，並且耐心解釋：「光學鏡頭以微米為單位，差一點點都不行，所以從研發到組裝，得花很多心力。」

成立十二年，目前員工總人數不到百人的上暘光學，在人力規模動輒成千上萬的上市櫃光學產業裡，顯得既年輕又迷你。然而，這個後起之秀已經打入全球光學大廠供應鏈，2021 年創造 4.5 億元營收；2021 年、2022 年連續兩年拿下「桃園市金牌企業卓越獎」的「新人王」、「隱形冠」獎項。

將創新視為核心競爭力

豐碩的果實，得來不易。台北工專（1997 年改制為台北科技大學，簡稱北科大）材料工程科畢業、一路從基層做起的吳昇澈，曾經擔任美國光學大廠 OCLI 亞洲代理商光昊光學，以及明基電通的銷售、採購管理工作，後來投身一間專精光學鍍膜、製造、加工的台灣本土光學鍍膜廠。

在光學鍍膜廠時，吳昇澈遇到渾身都是「研發魂」、每天埋首研發的老闆，「我問他為什麼要這麼辛苦，他總是笑笑回答：『技術行銷才是這行的王道。』」所謂的技術行銷，吳昇澈解釋，就是公司除了要有能力研發新產品，公司的每一份子都要熟悉產品技術，才能夠「用專業和客戶對話」。

上暘光學創辦人兼董事長吳昇澈認為，公司的每一份子都要熟悉產品技術，才能用專業和客戶對話。

「對當時的我來說，那是很大的震撼，因為以往在業界看到的行銷業務，大部分是用吃飯、喝酒拉生意、拿訂單，不曾有人那麼重視技術，也沒有人告訴我『創新』那麼重要。前老闆的態度和理念，在我心底埋下創新、創業的種子，」吳昇澈說。

技術行銷的概念，激發吳昇澈將創新視為核心競爭力。2011年，剛滿三十五歲的他，以「實力派」自許，成立上暘光學，理想是打造光學設計公司：「我還立志，要讓上暘成為光學鏡頭產業界的聯發科！」

員工無預警離職

夢想很大，追夢的過程則是考驗的開始。

創業初期資本額只有六百萬元，吳昇澈的員工標號是1號、太太是 2 號，再請一位業務助理，三個人的小公司就這麼開始從事光學元件買賣。

然而，沒多久便發現，儘管他很懂光學，又有研發實力和創意，但光學界客戶都是上市上櫃大企業，擔心和小公司買元件，如果過沒多久公司倒了，訂單也會受到波及，「我們完全打不進產業鏈，只能和小公司做幾十萬元的小生意，根本賺不了錢。」

創業第一年，扣掉成本開銷、業務和助理們的年終獎金，剛好打平。等到農曆年年假結束，第一個上班日，上班時間到了，「公司竟然唱空城，」吳昇澈苦笑，他和太太一個一個打電話，每個員工都有藉口，說自己沒辦法來上班。

原來，當時正是台灣光電產業的起飛期，上市櫃公司給出的年終獎金都非常豐厚，「相形之下，上暘只能發一個月的年終獎金，真的有點少，」事隔多年，想起當時和太太面面相覷的無奈，吳昇澈還是忍不住嘆了一口氣，說：「員工們覺得公司前景堪慮，不告而別其實也是情有可原⋯⋯」

儘管理解員工的心情，路還是得自己走下去。吳昇澈決定改變策略，轉型成為代理商。2013 年，上暘光學陸續拿下日本松下（Panasonic）非球面模造玻璃鏡片及江蘇宇迪光學球面鏡片的台灣代理權。

「這兩種鏡片是高階玻璃鏡頭與投影機系統必須用到的材料，

> “ 雞蛋不但不要放在同一個籃子裡，
> 更不要因為覺得籃子很堅固耐用，
> 而忽略了隨時注意籃子的情況。 ”
>
> —— 上暘光學創辦人兼董事長吳昇澈

且兩個原廠在光學界知名度高，包括：隸屬明基友達集團的系統代工大廠佳世達科技、保勝光學、佳凌科技、亞洲光學等大公司，都願意和上暘下訂單，」吳昇澈說，「當時我們只有五、六個員工，卻拚出了破億元的營業額。」

彼時在全球光學鏡頭舞台上還名不見經傳的上暘光學，是如何取得從來不外賣高階模造玻璃鏡片，只留給日本國內自家數位相機使用的松下代理權？

「時機吧！」吳昇澈笑著說，「機會來了，就牢牢抓住。」當時，他觀察到，受智慧型手機衝擊，全球數位相機市場走下坡，旁敲側擊發現松下高階模造玻璃鏡片的產線閒置，而台灣雖然有類似產品，等級卻沒有日本高。

天時、地利、人和下，吳昇澈帶著松下代表和台灣客戶見面，證明台灣確實有市場需求，松下很快以「我們在台灣的代理商」介紹上暘光學，「當時真的很有成就感！」

打造夢想中的光學設計公司

拿到世界大廠的銷售代理權，業績便能穩穩走紅盤，但吳昇澈始終沒有忘記他的創業初衷——實力派的光學設計公司。此外，代理商的隱憂也一直困擾著他：當海外市場營業額成長到一定規模，合約又到期時，原廠通常會終止代理權，改為直營。

2015 年，吳昇澈到北科大讀 EMBA，指導教授、通路及行銷大師胡同來證實了吳昇澈的想法。

「胡教授說，代理商的壽命通常只有五年。代理商和母公司是既合作又競爭的矛盾體，沒有永遠的合作關係；就像幫人家養小

上暘光學為確保供應穩定，將高階光學玻璃鏡頭的產線移回台灣，成立精密組裝工廠。

孩，養得好就收回去自己養，養不好就換別人養，」吳昇澈當下決定，上暘光學必須再次轉型，走回研發與設計。

2016 年，上暘光學成立研發部門，招攬了一支年輕又有創意的光學鏡頭設計團隊，真正成為吳昇澈夢想中的「光學設計公司」。

當時的投影鏡頭全球年度需求量大約一千萬台，相較於年需求量動輒上億顆的車用鏡頭、手機鏡頭或是數位相機鏡頭，一般光學大廠願意放到投影鏡頭的研發資源較少，剛好是上暘光學的商機。

然而，創業時的老問題還是沒有解決。

「儘管團隊夠優秀、產品也夠好，但是公司太小，客戶信心不足，」吳昇澈感嘆，「明明知道客戶在哪裡，卻不得其門而入。整整八個月，研發部門沒有接到一張訂單。」

他再度快速調整策略，將台灣打造為設計研發基地，在台灣做好設計、測試、驗證後，技術轉移給江蘇宇迪，在中國大陸量產。

同一時期，美國德州儀器突破技術限制，推出將近 800 萬像素、4K2K 的晶片系統，就算畫面放大到 120 吋都能清楚鮮豔，特別適用投影顯示，上暘光學順勢設計出兼容 4K2K 和 1080p 解析度的高階鏡頭，使高規格的鏡頭兼容低規格的鏡頭，又同時能顧及成本競爭力，成為投影機品牌一大福音，成功打入國際市場。

「上暘的投影機高階鏡頭年產量達百萬顆，等於全世界每賣出十台投影機，就有一台的鏡頭是上暘設計、製造的……」內斂的笑容中難掩驕傲，吳昇澈嘴角上揚說：「上暘在全球市占率高達 10%！」

不過，這個「台灣研發、中國大陸生產」的模式維持沒多久。

建立風險管理機制

2018 年，中美貿易戰開打，歐、美、日等地的客戶對「Made in Taiwan」的需求大增，加上隨之而來的新冠肺炎疫情在全球爆發，封城、鎖國對跨域物流影響甚大；再者，將技術轉移到中國大陸生產，形同冒著間接扶植委外廠技術能力的風險，促使吳昇澈在 2019 年將高階光學玻璃鏡頭的產線從中國大陸移回台灣，在桃園成立高階光學玻璃鏡頭精密組裝工廠。

「這中間還有一個轉折，」吳昇澈透露，疫情催動遠距視訊商機，2020 年至 2021 年年間，投影機、視訊設備的生意特別好，上暘光學也不例外，從 2020 年兩億元的營業額倍增至 2021 年的四億元，2021 年的訂單是前一年的 200%。

但他很快發現，當時上暘光學唯一的鏡片供應商江蘇宇迪，訂單也暴增 150%，「我們生意好，他們生意也好，結果就是排擠效應，我們的產品生產被排擠，交貨期從三個月延長到九個月，甚至一年……」

這個產品供應鏈幾乎被中斷的危機，讓吳昇澈意識到，過度依賴單一供應商是極大的風險。他立刻尋找替代供應商、調整採購策略，以確保供應鏈更加多元和穩定，「到目前為止，我們在中國大陸有四家供應商、韓國一家、台灣一家，斷貨風險大幅降低。」

「雞蛋不但不要放在同一個籃子裡，更不要因為覺得籃子很堅固耐用，而忽略了隨時注意籃子的情況，」這次的經驗讓吳昇澈體會到，風險管理不只是解決問題，更重要的是從事前就察覺到問題、預防問題發生。之後，他在公司內建立了「九大循環風險管理小組」，負責監控、評估業務的各種潛在風險，包括：市場風險、信用風險、營運風險，甚至是環境和社會風險。

「像是上暘投入資源做研發、開發不同領域的產品，乃至申請專利，其中一項考量就是要分散營運風險，」吳昇澈指出，2016 年以來，上暘光學已經在台灣、美國、中國大陸等地取得 32 件專利，除了單純的投影鏡頭，現在也跨足工業用鏡頭、戶外軍用規格鏡頭、狙擊鏡頭、高爾夫球測距儀鏡頭等品項。

自主設計，滿足客戶技術需求

從六百萬元起家，上暘光學在 2021 年資本額達到一億元，儘

上暘光學從投影鏡頭起家，現在也跨足工業用鏡頭、軍用規格鏡頭、狙擊鏡頭、高爾夫球測距儀鏡頭等品項。

管還很「小而美」，但已經是一張漂亮的成績單。一間員工人數不到百人的公司，憑什麼能夠做到？

「基本上，只要有人提出需求，」吳昇澈笑說，「我們的研發團隊就像是許願池，使命必達！」

他舉例，曾有一位牙醫師反應，做根管治療時必須使用的口腔顯微鏡，只能在 15 公分距離內對焦，護理師和醫師無法同時觀看。聽到醫師的心聲後，上暘光學開發出可以將工作距離拉大到 40 公分、左右兩邊都可以調焦距的口腔顯微鏡，大幅增加治療時的順暢度。

「上暘的策略，是要做到產品自主設計，並與台灣本土供應鏈合作開發技術層次較高的非球面鏡片、精密機構等零組件，」吳昇澈說明，「我們把低階產品委託代工廠組裝，高階精密鏡頭則在公司自有產線組裝，例如：高階客製化的光學鏡頭、光學鏡組和濾光片。」

在這樣的策略定位下，如今上暘光學的客戶已涵蓋全球主要光機系統廠商，包括：台灣佳世達、中強光電、中國大陸的安華光電、極米、日本的 EPSON 等。

把大公司不想做的當機會

時至今日，問起吳昇澈：在光學鏡頭界立足，靠的是什麼？他想了想，說：「突破以往的常態，以創新思維改變現狀。」

他以「客製化鏡頭設計公司」定位這個階段的上暘光學。產品少量，但多樣、毛利高，相較於產業中大型光學公司為了追求營收，必須以量大、低價競爭產品為主，不願意承接少量多樣的產品開發，上暘光學的規模與定位恰恰最適合發展高階鏡頭產品，「大公司不想做的，反而是我們的機會。」

一路從光學元件買賣業到代理商，再到光學鏡頭設計公司，下一個目標和夢想呢？

「2024 年申請上櫃、三年內 IPO（首次公開發行），朝向世界第一的光學高階玻璃鏡頭設計與製造商之路邁進。我想要效法德國卡爾蔡司、萊卡，讓上暘光學成為永續經營的百年企業！」吳昇澈相信，始終堅持對一件事情從一而終，往夢想、目標前進，就沒有做不到的事。

（文／朱乙真・攝影／蔡孝如）

ESG 實踐心法

成立於 2011 年的上暘光學，從光學元件買賣、代理商做起，2016 年成立研發部門，轉型為光學鏡頭設計公司，主要產品包括：高階客製化光學鏡頭、光學鏡組、濾光片。員工總數不到百人、成立不過十二年，卻已打入全球光學大廠供應鏈，在 2021 年創造 4.5 億元營收，更因此在 2021 年、2022 年連續兩年拿下「桃園市金牌企業卓越獎」的「新人王」、「隱形冠」獎項，總經理吳昇澈也在 2022 年獲得第十九屆「國家品牌玉山獎」的傑出企業領導人。而為了實踐 ESG，上暘在公司治理面向做到了：

1 以上市櫃方式運作，藉由勤業眾信與福邦證券的協助，建立九大循環標準，以完善內部法規遵循系統，並定期審核，確保公司營運始終符合相關法規規定。

2 在物料採購上，上暘光學遵循國際通行的環保標準，也特別重視供應商的社會責任表現，落實 ESG。

3 商業倫理是上暘光學在公司治理的另一個承諾。商業倫理不僅是上暘光學遵循法規的基礎，也是建立公司名譽與信任的基礎；在競爭行為中，上暘光學始終堅守公平、公正的原則，不進行任何不正當的競爭行為。

大震企業共同創辦人李賜福（前排左三）、李寬信（前排左四），加上二代接班的李思賢（前排右三），共同帶領大震，以四十多年的熱傳導工程經驗，開發節能減碳、適合廢熱回收的鍋爐，並將效能發揮到淋漓盡致，朝淨零碳排的目標邁進。

大震企業

陪台灣走向淨零碳排的未來

面對市場競爭，大震企業堅持安全是企業發展最重要的事，
以穩定的品質、到位的維修服務，
憑藉二十四小時的安心感贏得客戶青睞，
也對「淨零碳排」這張來自 2050 年的考卷交出亮眼成績。

「大震鍋爐」對多數人來說可能是個陌生的名字，但只要你吃東西時會沾點醬油、夏天時忍不住來瓶清涼冰鎮的可樂、運動時穿過運動服、寫字時用過鉛筆，乃至搭過飛機、住過五星級酒店……，就可能已經在不知不覺中與大震的產品發生連接。

怎麼可能？

「鍋爐」兩個字，聽起來就覺得跟日常的距離好遙遠；但實際上，它跟人們的生活，關係比想像中密切。

鍋爐是什麼？宮崎駿動畫《神隱少女》中，意外闖入女巫治

理的魔法世界，爸爸、媽媽變成豬的少女千尋，和鍋爐爺爺一起幫湯屋燒洗澡水的那個昏暗、簡陋的房間，就是其中一種「鍋爐」；另一種，則類似蒸汽火車頭的概念。

大震企業總經理、創辦人之一的李賜福解釋，鍋爐的動力來源，通常是從燃燒煤、石油或天然氣釋放熱能產生的熱水或蒸汽，舉凡生產製造中需要大量熱能或動能的產品，都得派鍋爐上場。

用專業打響知名度

「三百六十五行、日常生活食衣住行，樣樣都需要鍋爐，」李賜福舉例，做豆腐、豆皮、礦泉水、醬料等飲食，需要鍋爐殺菌；衣服從棉花做成纖維、紡織，染、整、燙需要蒸汽，也需要熱煤鍋爐高溫定型才不會縮水；建築業製造玻璃、三夾板、壁紙，也需要鍋爐；輪胎、橡膠、雨刷的生產過程，鍋爐不可或缺；更別提製造電腦、手機面板等 3C 產品，或是需要供應熱水的飯店、醫院……

猶如機關槍般講了一長串，每每談起自家鍋爐扮演的角色，李賜福總忍不住語調上揚，臉上滿是驕傲與光榮感，「我們還曾經參與製造戰車履帶、打造火箭，甚至南極的科學考察站，也有一個大震為極端氣候量身訂做、耐受攝氏零下九十度極地氣候的鍋爐，到今天都還二十四小時提供熱能給考察站的科學家。」

> “ 愛護台灣、地球，
> 是我們應該，也有能力做到的事。 ”
> —— 大震企業副總經理李明偉

總部設於桃園龍潭的大震企業，是李賜福和哥哥李寬信在 1976 年共同創立，至今將近半世紀，專精各種工業用鍋爐的製造與研發。而大震的創建與成長，也見證了台灣經濟起飛、中小企業蓬勃發展的黃金時代。

當時，台灣逐漸由農業社會轉型為工業社會，電器、紡織、塑膠等輕工業快速成長，帶動中小企業如雨後春筍般出現；加上十大建設起跑，重工業、化工業、鋼鐵、石化、造船全面發展，景氣一片光明，各式鍋爐需求大增。那時，李寬信已在一間鍋爐大廠工作多年，又恰好李賜福退伍，看準時機，兩人決定攜手創業。

兄弟倆從林口一間二十幾坪的維修小廠房開始，專門幫中小企業維修、保養鍋爐。「使命必達」的服務態度，加上維修後的鍋爐穩定又好用，大震很快打響知名度，1980 年轉型自製鍋爐時，已經是該領域的當紅炸子雞。

提供客製化的產品

回顧大震的成長年代，1980 年代後期，以削價競爭進入鍋爐市場搶單的對手不在少數，大震憑什麼始終受到青睞？

「信賴感和安全感，」想都沒想，李寬信立刻給了答案。

「鍋爐之於工廠，就像心臟之於人體，無論醒著或睡著，心臟永遠堅守崗位；如果心臟停工，那是非同小可……」直到今天，每當有機會和員工開會，李寬信必定耳提面命這一段話，並以三個「非常」強調：「鍋爐的安全非常、非常、非常重要，是一切的基礎，『先有安全，再談發展』的優先次序絕對不能亂掉，不能看見需求大就急著擴張，忽略當初的理念。」

所以，大震不走大量生產相同形式鍋爐來降低成本、削價競爭的傳統路線，而是按照不同環境、業別、使用特性，為每個客戶量身打造適合的產品。

對產品毫不妥協的堅持，是大震最大的競爭優勢。

「鍋爐長期高溫高壓，二十四小時都得承受最嚴苛的考驗和挑戰，要研發一個鍋爐或壓力容器，需要經過相當縝密的設計，材料也要精挑細選，」李寬信總以「嫁出去的女兒」形容每一個大震鍋爐，希望她們在每個工廠裡受到妥善的對待，也發揮最大價值。

「如果自己是工廠廠長或飯店老闆，鍋爐故障了，等於生產線停工、飯店客人沒有熱水洗澡……，你會不會急得像熱鍋上的螞蟻？」李賜福請員工換位思考，用同理心想像如果鍋爐品質不好，可能造成的風險。

老闆的手機就是全天候客服專線

從同理心出發，大震自創業伊始到現在，一直都有一支二十四小時的客服專線，就是李賜福的手機；無論新客戶、老客戶，任何時間遇到任何鍋爐問題，都可以隨時找到他，「那就是一種『安心』的感覺。」

李賜福印象最深刻的是，在小客車還不普及的 1980 年代，他在一個滂沱大雨的深夜，接到石門水庫一間五星級大飯店的求救電話：「鍋爐點不著、沒有熱水，房客無法洗澡，廚房、三溫暖全都停擺。」他從床上跳起來，想也沒想就冒著大雨，從新莊一路騎了五十公里的機車到石門水庫修理鍋爐，「去程因為掛念鍋爐罷工還沒感覺，鍋爐修好了，心情鬆懈下來才發現衣服穿太少，又冷又

大震企業不走大量生產、削價競爭的傳統路線，而是按照不同環境、業別、使用特性，為每個客戶量身打造適合的產品。

凍，全身一直發抖，回家感冒發高燒，差點送醫院。」

風雨無阻搶修鍋爐之外，大震創業的第一個二十年，幾乎沒有假日，包括農曆過年。

「農曆過年大家圍爐吃團圓飯，大震則是『圍鍋爐』，」李賜福笑著解釋，因為鍋爐必須持續運轉，農曆過年工廠停工是全年唯一可以維修、保養、替換零件的時候，也因此每年的除夕夜到大年初五開工前，其他人在享受難得的春節假期，對大震來說卻是最忙碌的時間，甚至得將員工分成七、八個維修小組，分頭到不同工廠做年度保養。

四十多年前，工業區多半偏僻又荒涼，沒有 7-11 這些全年無

大震企業搬遷到三千多坪的新廠後，從傳統的小型快裝鍋爐到巨無霸鍋爐，均可在自家生產製造。

休的便利商店，過年期間如果沒有待在家，根本沒有東西吃。為了讓員工同時兼顧工作和家庭，李賜福請太太當「總鋪師」，事先滷好一大鍋的豬腳、豆乾、海帶⋯⋯，一份、一份分好，放在大同電鍋裡保溫，邀請員工眷屬一起到現場「圍爐」，「有點像現在『年菜外帶』的概念，各組小組長在工地把電鍋插上插頭，大家一面吃飯一面談天說地。」

隨著工業生產環境改善，各家工廠陸續配置備用鍋爐，大震員工們在農曆過年全身烏漆墨黑「圍鍋爐」的機會也就愈來愈少，但那段從董事長到基層員工一起在工地過年、吃年夜飯的歲月，成為大震專屬的共同回憶，也在無形中凝聚了員工向心力，使大震的員工流動率較同業低得多。

2015 年搬遷到桃園龍潭三千多坪的新廠後，大震將許多早年必須委外，但技術或設備要求較高的工序，例如：大型雷射切割設備、捲板、退火、爐胴成型等作業，移回自家廠房進行。現在，從傳統的小型快裝鍋爐，到幾十公尺高、蒸發量 120 公噸的巨無霸鍋爐，都可以在桃園生產製造。

「一個個零件分別製作，再一步步組裝、加工成型，每一個鍋爐從設計、製造到檢驗，平均得花五到十個月，」李賜福說，「一條龍產線縮短了供應鏈，每一張訂單都能如期交貨，這是大震給客戶的另一個『安心』。」

為客戶思考減碳方案

鍋爐品質穩定，維修服務也到位，大震以這些獨特的關鍵技術及成功心法，挑戰各類客製化，在產業界保持「隱形冠軍」的領先地位，客戶囊括台灣前一百大企業，產業遍及石化、航太、電子、生技、醫療、紡織、食品、汽車製造、能源電廠等不同領域。

事業版圖更在立足台灣後，逐步邁向國際，陸續成立馬來西亞分公司、中國大陸昆山工廠，並且獲得日本及菲律賓代理，生產的鍋爐出口到日本、南非、泰國、馬來西亞等世界五十多國。

擁抱全球市場的同時，當主要客戶涵蓋高碳排的石化、鋼鐵重工業、造紙、食品及半導體相關科技產業，面對「淨零碳排」這張來自 2050 年的考卷，二代接班的大震副總經理李明偉、協理李思賢，選擇將挑戰視為轉型的契機。

「我記得，2021 年聽到微軟創辦人比爾・蓋茲說：『燃燒是最劇烈的氧化，我們必須延緩地球氧化的速度。』猶如一記當頭棒喝……」李思賢不諱言。

大震企業協理李思賢指出，大震不僅自我要求超過法規標準，更主動協助客戶，將現有鍋爐改造或汰換為符合環保規範的標準製品，竭盡所能降低氮氧化物排放量。

儘管大震近年來努力開發綠色環保永續新產品，但聽到比爾．蓋茲、聯合國跨政府氣候變遷小組等個人或組織紛紛將矛頭對準燃燒、過量二氧化碳的問題，鍋爐也被視為造成氣候變遷的元凶之一，李思賢仍然「很有感」，他當時在心裡告訴自己：「我們必須走得更快、更前面。」

聽到新生代這麼說，李賜福難掩驕傲。他透露，李明偉、李思賢從小都在國外長大，「視野確實和我們不同，他們最近還要走歐盟認證、航太認證，甚至開發碳纖維，年輕一輩的想法、做法常常讓我驚喜。」

李思賢坦言，早期的鍋爐因為燃料和排放問題，總給人一種汙染源的刻板印象，客戶還得面對製程中工業廢棄物的難題，但「爸爸和大伯（李寬信）一直相信，賺錢不是最重要的事。」

他指出，大震長期參與政府舉辦的能源、法規講座，自我要求鍋爐不但要符合國內及國際的效能、環保法規，更要遠超過法規的要求；此外，大震更主動出擊，協助客戶將現有鍋爐改造或汰換為符合環保規範的標準製品，挑戰鍋爐產業在傳統觀念上的極限，竭盡所能降低氮氧化物（NOx）的排放量。

愛護地球是該做也能做到的事

除了降低鍋爐煙囪排放的溫度，大震也以四十多年所累積的熱傳導工程經驗為師，開發節能減碳、適合廢熱回收的鍋爐，並將廢熱轉換為其他可用能源，除了有效處理廢棄物外，效能也發揮到淋漓盡致。

「大震多項鍋爐產品的效能，已經從早期的 90%提升到目前最高 96%以上，遠超過能源局 90%至 92%的標準，未來有一天一定可以做到 100%，」李思賢自信地說。

「愛護台灣、地球，是我們應該，也有能力做到的事，」未來的藍圖，清晰地在李明偉、李思賢腦海中。兩位從小跟著大人「圍鍋爐」過年，在工廠裝貨櫃、接電話的大震二代，接下傳承重擔的同時，也期許自己在鍋爐這項工業革命時代出現的產品迎來產業新紀元的同時，繼續帶領過去五十年間伴隨台灣走過中小企業、工業發展經濟奇蹟的大震，從「好」走向「未來」，繼續陪伴台灣迎向淨零碳排的無限可能。

（文／朱乙真．攝影／蔡孝如）

ESG 實踐心法

大震企業致力於工業鍋爐、壓力容器、節能設備生產製造，依照客戶需求量身打造適合的鍋爐產品，從前期評估場地、管線配置、設備選購、效能評估至完成安裝、後期維修保養，皆提供一條龍的專業服務；通過 ISO 9001、中國特種設備檢測研究院（China Special Equipment Inspection and Research Institute, CSEI）、美國機械工程師協會（American Society of Mechanical Engineers, ASME）等國際認證，產品涵蓋食、衣、住、行各行各業，行銷全球超過五十國，讓大震在2022年獲得「桃園市金牌企業卓越獎」的「隱形冠」獎項。而為了實踐 ESG，大震在公司治理面向，做到了：

1 以自產零件、自廠加工縮短供應鏈，降低成本及營運風險。

2 長期參與政府舉辦的能源、法規相關座談，鍋爐產品不但符合國內及國際鍋爐效能標準，更遠超越規範的效能要求。

3 掌握各國不同規格的環保標準，除了在開發產品時確保能符合各地各國法規，更主動協助客戶改造或汰換現有鍋爐為符合國際環保規範的標準製品。

4 優化整體生產動線及環境條件，導入 5S 管理機制，朝精實管理模式邁進，檢視並精練自我控管流程，減少無謂的搬運勞力及工安風險。

和迅生命科學希望藉由幹細胞療法，讓「健康到老」不再是高齡化時代中遙不可及的夢想和奢求。後排右二為和迅生命科學總經理溫政翰。

和迅生命科學

新藥開發與獲利並進

獲取合理利潤是企業存在的要素之一。
因為父親突然罹癌，開啟了溫家的非典型創業之旅，
揉合理想與現實，致力開發以治療為主的心血管疾病藥物，
寫下兼顧企業永續與成長、新藥開發與獲利並進的商業模式。

美國哈佛大學醫學院院長、生物學專家戴利（George Quentin Daley）曾說：「如果二十世紀是藥物治療的時代，那二十一世紀就是幹細胞治療的時代。」

但，什麼是幹細胞治療？

簡單來說，幹細胞治療法是科學家透過細胞療法，將人的組織或細胞培養成可以修復細胞、對抗多種疑難病症的藥物，使過去難以治療的疾病出現治癒契機，原本喪失功能的細胞、組織或器官也有回復功能的機會，是再生醫療（regenerative medicine）的基礎。

包括台灣在內，全世界都看好再生醫療商機。《環球生技月刊》2022 年的統計便顯示，台灣目前約有近百家再生醫學生技公司，有些是超過二十年歷史的老前輩，其他大多也有平均五至十年的資歷。然而，諸多業者當中，在 2019 年 6 月成立，以 4.6 億元擠進全台資本額前二十大再生醫學產業，計劃投入幹細胞與免疫細胞藥物開發市場的和迅生命科學，卻顯得有些不同。

放棄將到手的律師執照

「我們在這個領域真的非常『非典型』，」從小在澳洲長大，創立和迅生命科學時只有三十二歲的和迅生命科學總經理溫政翰笑著說，他在昆士蘭大學拿到經濟和法律雙主修學士學位，和通常由年紀、資歷較資深的醫師、博士或教授創立生技公司大相逕庭。

更令人詫異的是，一直在桃園從事建築與營造業的溫家，全家人都沒有任何醫學相關背景，卻半路大跨域，投入生技產業。

為什麼會做出這樣的抉擇？

對於這段歷程，溫政翰以「奇幻旅程」來形容，而他也坦言，原以為自己的人生若不是在澳洲當律師，就是回家接手爸爸的建設公司，但「人生的旅程常常是不可預測的，而我更相信因緣。」

2012 年，溫政翰的父親溫慶玄罹患多發性骨髓癌，但當時溫家人都在澳洲，只有協助經營家中事業的大姊溫佳穎陪在身邊。

噩耗傳來，溫政翰的二姊、二姊夫即刻拋下工作，攜家帶眷趕回台灣。而溫政翰原本也要立刻返台，卻和母親為此起了爭執。

「那時還差半年的實習，我就可以拿到澳洲的律師執照，」溫政翰回憶，「媽媽希望我先完成實習、取得證照再回來。」然而，温政翰太害怕，擔心父親的身體，更擔心會不會來不及見到父親最後一面。為此，「我大哭！一番爭執後，媽媽妥協了，我也即刻束裝返台。」

父親病癒成為創業契機

多發性骨髓癌是血液癌的一種，在台灣屬於相對罕見且不易治癒的疾病，早期存活率大約只有兩年，20%的病患在發病後一年內就會死亡；後來，再生醫學發展出自體幹細胞，也就是骨髓移植，成為治療多發性骨髓癌的主要方法。

和迅生命科學總經理温政翰意外投入生技產業，但結合自家建築營造優勢，僅花了三個月便蓋好實驗室，為企業成長站穩第一步。

然而，温慶玄在做了化療、放療及骨髓移植後，恢復情況卻不好。站立不穩、精神萎靡、食欲不振……，全家陷入愁雲慘霧。

温佳穎記得：「有一次，遇到一位自稱可以治癒爸爸的醫學專家，要我們先付四百萬元，抽血後等七十天，且七十天內不可做任何治療，時間到再付一百萬元，同時靜脈回輸，就可以痊癒了。這實在難以相信，且我們不敢冒險七十天都不做治療，所以放棄了。這是我們第一次聽到細胞治療。」

三年過去，温家人幾乎以為只能無奈放棄。沒想到，2015 年，温慶玄到美國做間質幹細胞治療，治療效果意外地好。

温政翰解釋：「爸爸在美國接受的間質幹細胞療法，是台灣還未開放的異體幹細胞移植，不用從病患身上抽出自體不健康、品質不好的組織，也不用經過冗長的培養、等待。而且，經過治療，爸爸不只癌症好了，更在之後健檢時發現，他原有的心血管疾病也完全改善，血管零鈣化、零斑塊甚至零阻塞，醫生說爸爸的血管就像是二十歲年輕人的血管。」

走過死亡幽谷，温慶玄發願，要把這樣異體幹細胞的治療方法和技術帶回台灣，造福和他有相同困擾的患者。

全家共組幹細胞讀書會

儘管有諸多心願和理想，但當時想在台灣投入細胞治療產業，並不容易。

2015 年時，台灣尚未開放相關規範，細胞治療還處在灰色地帶，和温慶玄一樣嘗試過既有療法卻無法康復的癌症患者，唯有經濟狀況許可，才有機會負擔巨額醫療費用，自行到日本、美國等異體幹細胞治療已經獲得醫界認可的國家接受治療。

這種情況，是否也是一種健康不平等？

儘管沒有醫學、生技背景，想要引進這項技術，第一個遇到的挑戰就是「專業」。因此，溫家決定，把這段還沒有相關法規支持前的時間拿來養精蓄銳，做好準備。

整整三年時間，溫家由爸爸、媽媽領頭，組成「幹細胞讀書會」，全家一起大量閱讀各國文獻、臨床治療結果；溫政翰全台灣北、中、南跑透透，連東部也經常當天來回，只為了向研究幹細胞、再生醫學相關領域的專家或醫師請益。同時，溫家也投資幹細胞培養技術，確認技術產品化的可能。

企業要獲利，也要回饋社會

2018 年 9 月，衛福部發布《特定醫療技術檢查檢驗醫療儀器施行或使用管理辦法》（簡稱《特管辦法》），將自體幹細胞及免疫細胞列為特定醫療技術，台灣幹細胞治療與再生醫學產業跨出一大步。隔年 6 月，溫慶玄創辦和迅生命科學公司，由溫政翰出任總經理。

少了「專業」的包袱和框架，反而成就了和迅生命科學的無限發展可能。例如，國內生技公司大多由學術單位技術轉移，緊接

> “企業責任是獲利，但也要回饋社會、兼顧公益。”
>
> —— 和迅生命科學創辦人溫慶玄

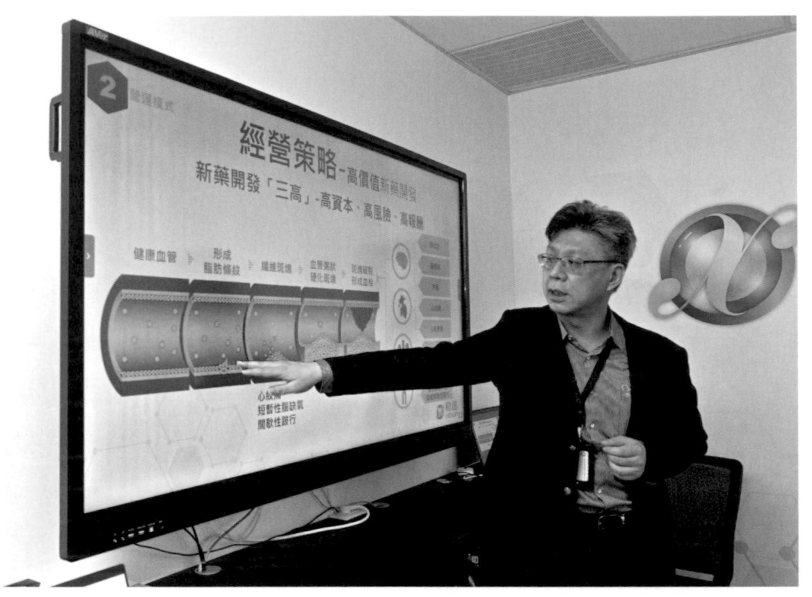

為了補強人才與專業，和迅生命科學延攬台灣尖端生技醫藥前副總黃濟鴻加入，擔任副總經理暨科技總監，使企業發展如虎添翼。

著一連串的興建廠房、進行動物及人體實驗等流程，直到新藥開發完成，每個階段都燒錢、燒腦，最後若臨床實驗結果不如預期，便只能以失敗收場。

相對來說，温家從商，自小受商業思想訓練的温政翰不諱言，和迅生命科學是從「商人」的角度創業，在夢想中加入現實，如同温慶玄經常提醒他：「企業責任是獲利，但也要回饋社會、兼顧公益，只有公司賺錢才能支持新藥研發，也才能幫助更多人。」

顛覆傳統模式，和迅生命科學以經濟和法律概念拆解生技產業結構，得到生技是「三高產業」的結論：高資本、高風險、高報酬。得先投入高資本，通過臨床試驗不可預期帶來的高風險，才可以得到藥物上市後的第三高——高報酬。

不僅如此，和迅生命科學的目標很清楚：公司成立第三年就要看到成果。於是，他們決定先找到有潛力的藥物或治療方法，確定產品開發方向，再依照法規建廠，切入新藥開發和臨床驗證階段，大幅降低開發風險，提高成功機會。

發揮建築營造優勢，和迅生命科學只花了三個月就在桃園蓋好符合人體細胞組織優良操作規範的實驗室（Good Tissue Practice, GTP），表示和迅生命科學具有成熟技術，可以針對各類細胞進行細胞製備，待細胞擴增到一定數量後，在標準作業流程下運送到合格醫院，由專業醫療人員將細胞輸入病患體內，「這是我們站穩的第一步，」温政翰說。

導入 AI，加速研發進程

邊做邊學的過程中，和迅生命科學發現，儘管已經到了數位時代，生技實驗流程竟然還維持著類師徒制，細胞培養、細胞治療、檢測數據及數據統計等各項紀錄仍以紙本書寫，無論分析或追蹤歷史資料，都必須耗費大量時間，效率極為低落，實驗室也難以順暢管理。

於是，和迅生命科學導入人工智慧系統（AI），開發幹細胞實驗室資訊管理系統（Laboratory Information Management System, LIMS），藉由監控與蒐集所有生產參數達成最佳化與最適化生產。至於生技業者最關心的成功率問題，「系統中的標準作業流程（SOP）可以確保批次生產一致性，加速研發效率，也提高了成功率，」温政翰微笑說明。

利用資訊管理系統，和迅生命科學不僅為自己奠定事業發展基礎，還協助有臨床開發概念的學術單位或業者，導入 GTP 標準化生產、依照規範寫成品質文件，甚至協助同業建廠、採購設備及導入資訊系統，加上提供細胞製程的委託開發與生產。

至此，和迅生命科學逐步建立起自己的商業模式，也達成了三年內損益平衡的目標，創造業界少有兼顧新藥開發與獲利的商業模式。

延攬人才，補強專業

有了穩定的現金流做研發後盾，接下來要思考的問題是：「有潛力的藥物或治療方法」是什麼？答案是：威脅人類健康，現有醫療技術卻對治療陷入瓶頸，也就是當年温慶玄在美國治療癌症時意外獲得改善的心血管疾病。

「爸爸有商人的敏感度和直覺，又有成功經驗，」温政翰透露，從 2015 年開始，温慶玄就一直非常看好治療心血管疾病市場的前景。

心血管疾病的市場有多龐大？根據世界心臟聯盟（World Heart Federation）調查，全球每年約有 1,730 萬人死於心臟病、中風等心血管疾病，占全球總死亡人數 30%，是全球死亡病因首位。而在台灣，根據衛福部統計，心臟病高居十大死因第二位，幾乎平均每小時就有兩人因心臟疾病而死亡。

全球市場調查公司 Global Data 在 2021 年發布的預測數據，也可見端倪：心血管疾病藥物的全球總銷售額，將從 2018 年的四百七十億美元增加到 2024 年超過七百億美元，而主要驅動成長的動力，包括兩種抗凝血藥物、一種抗心力衰竭藥物，以及兩種肺動脈高血壓藥物。

「對心血管疾病來說，目前心血管藥物的療效多屬於治標，無法治本，」中興大學生物化學所博士、現任中興大學生化研究所兼任教授黃濟鴻，累積了在台灣生技業界二十年的經驗後，於 2021 年年底加入和迅生命科學，擔任副總經理暨科技總監，補足了和迅生命科學的「專業」版圖，使企業發展如虎添翼。

「我們想要以幹細胞治療，來滿足這個未被滿足的醫療需求，」黃濟鴻表示，和迅生命科學的研發主軸是以臍帶間質幹細胞治療心血管與老／退化疾病，提供疾病治療，而非只是症狀控制，因此能夠涵蓋多數的心血管範圍，像是心絞痛、心肌梗塞，甚至也有機會幫助到心血管連帶影響的疾病，例如：腦部疾病（腦出血、腦梗塞、中風）、腎臟疾病（腎硬化症）、全身性危害（手腳發冷、麻痺、急性腿部缺血造成的間歇性跛行）等。

黃濟鴻以必須服用降壓藥物的高血壓患者，或是裝心臟支架必須服用抗凝血藥物的患者為例解釋，降壓藥、抗凝血劑都是症狀控制藥物，只要開始服用就得終生服用，但和迅生命科學研發的細胞治療藥物，則可以協助改善血管狹窄程度、治療心血管疾病。

不過，2018 年通過的《特管辦法》，僅開放自體細胞治療，距離和迅生命科學異體細胞治療的目標仍有一段距離。

布局技術與專利

和迅生命科學繼續等待時機。在這段期間，和迅生命科學與台北榮總合作，在人體試驗委員會核准下蒐集臍帶，也完成細胞製備廠的 GMP 工廠登記，並和台灣臍帶血業者簽署前期金一百五十萬美元的技轉授權，取得能刺激造血幹細胞生長的 TAT-HOXB4 蛋白藥，拿下藥物開發權利與細胞冷凍技術相關專利。

從非業界人士角度來看，難免好奇，和迅生命科學為何對於異體細胞治療情有獨鍾？對此，黃濟鴻指出，異體細胞製成的現成細胞製劑不僅可以量產、降低生產成本，還能透過篩選捐贈者，挑出比較健康的細胞來源，也能快速應對緊急、即時的治療需求。

他舉例，急性腦中風患者如果採用自體細胞治療，從培養、分離、製造等流程都得耗費不少時間，一不小心就錯過黃金治療期；而異體細胞治療，則可利用臍帶、骨髓、脂肪等間質幹細胞治療，嘉惠更多有需要的患者。

黃濟鴻進一步說明，由臍帶內的華通氏膠（Wharton's Jelly）取得的細胞量多、活性高且免疫原性低，是理想的細胞來源，「只要有一個臍帶樣本，就能培養出一百支主細胞庫、一萬支工作細胞庫，衍生出多達上百萬劑的幹細胞藥物，不但足以供應到臨床試驗完成、商品上市，且產品的一致性高也穩定。」

機會是留給準備好的人。2022 年 1 月，衛福部公告修正「再生醫療雙法」，細胞治療將可以從自體細胞培養走向異體細胞培養，藥廠也能在二期臨床數據通過後，申請為期五年的暫時性藥證，加速產品上市。「這項措施，不僅加速細胞產業發展，也讓受疾病所苦的病患能更早利用新的治療技術，」温政翰說。

期待打造健康到老的時代

「消息一出，公司歡聲雷動，」温政翰回想當時大家興奮的心

可以量產、降低生產成本，加上能快速應對緊急、即時的治療需求，和迅生命科學看好異體細胞治療的前景。

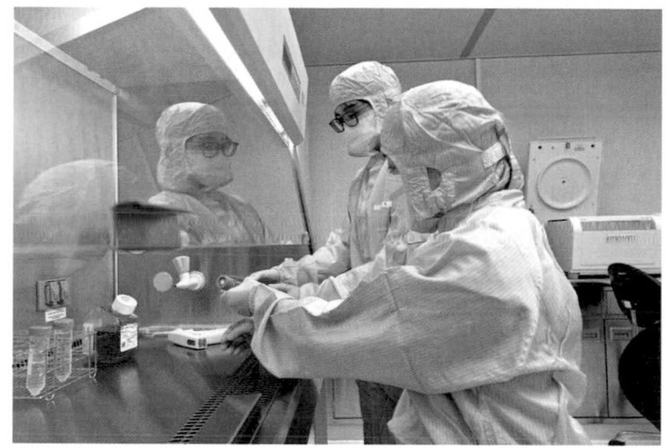

情，忍不住露出笑容：「和迅這麼多年的準備，就是為了這一刻。」

2022 年 6 月，和迅生命科學送出第一件新藥開發案申請。

2023 年夏天，第一個細胞治療藥物即將開始收案，展開臨床試驗。

「如果一切順利，預計三年後，和迅就可以拿到臨時藥證，上市亞洲第一個以治療為主的心血管疾病藥物，」溫政翰指出，和迅生命科學的目標，是在五年內成為公開發行與興櫃公司、七年內成為國際化的藥廠。

以四年時間，溫政翰完成了父親的心願，而今（2023）年進入耳順之年的溫慶玄，完全看不出曾經經歷一場大病，持續投入建設營造工作，閒暇時四處走走看看，偶爾到公司關心一下，而他也沒忘記當初創業的初心，總不忘提醒：「要讓成本更低，成為普羅大眾都可以接受治療的一般藥物。」

展望未來，「希望因為和迅的幹細胞療法，讓『健康到老』不再是高齡化時代中遙不可及的夢想和奢求，」有了父親的支持和鼓勵，溫政翰一邊說著，一邊揚起溫暖的笑容。

（文／朱乙真・攝影／關立衡）

ESG 實踐心法

和迅生命科學利用臍帶間質幹細胞技術發展多樣化的細胞新藥，以改善數十種心血管相關病症，提升人類健康餘命，並且在桃園市政府輔導下，領有業界唯二的細胞工廠登記，亦為細胞治療業界唯一獲經濟部「中小企業加速投資行動方案」的公司，創造了業界少有兼顧新藥開發且獲利的商業模式，獲得 2022 年「桃園市金牌企業卓越獎」的「新人王」獎項。而為了實踐 ESG，和迅生命科學在公司治理面向做到了：

1 再生醫學產業和法規息息相關，和迅生命科學的核心競爭力便是對法規的理解，也隨時跟著法規的變動，修正策略。

2 以走向資本市場為目標，致力提升資訊透明度，投資人、供應商甚至是患者，都可以在公司官網獲取相關訊息，包括：臨床試驗類型、適合的病患，並定期提供財務與業務成果，讓投資人了解公司營運動態與未來發展方向。

3 透過 LIMS 實驗室資訊管理系統，細胞庫存、耗材皆可即時監控，結合 AI 演算做到預警判斷，隨時保存三個月安全庫存，做好供應鏈管理。

4 著眼於全球市場，積極以世界為舞台布局專利，目前共有 33 項分布於全球的專利，符合衛福部食藥署及美國食品藥物監督管理局（FDA）的標準，為台灣細胞治療業界專利最多、最完善的公司。

美科科技堅持綠色研發，希望回報地球一個健康生態的未來。前排著淺藍色套裝者為美科科技董事長楊美斐。

美科科技

以科技推進美好生活

堅持綠色研發，
打造城市油田的循環經濟，
美科科技追求創新價值，開創自己的藍海，
把愛地球變成一門好生意。

2023 年 5 月初，一個週二下午，走進坐落桃園大園工業區的美科科技，映入眼簾的是白色與灰色並陳的牆面，環境優雅清淨。如果不刻意說明，一般人恐怕很難想像，這裡是有著金屬加工油廠房的場域。

金屬加工油在各種金屬切削加工過程中，扮演冷卻、潤滑、清洗、防鏽等功能，應用範圍廣泛；日常生活中常用的手機、電腦、汽車、家電、五金用品的製造過程，都需要使用。

美科科技的主力產品，是High Precision Specialty Lubricants，

那是一種高精度特種潤滑劑，也被稱為金屬加工油或切削液。簡單來說，它是一種在機械加工過程中用來冷卻、潤滑工具和刀具的專用液體。

不過，「相較於傳統的礦物性金屬加工油主要掌握在擁有石油資源的歐美品牌，美科的『MCM』金屬加工油則是植物性金屬加工液，是綠色能源和循環經濟領域的重大突破，」美科科技董事長楊美斐自豪地說：「我們堅持綠色研發，透過採用植物性原料減少對環境的影響，打造出城市油田的循環經濟，並通過回收再利用的再生能源達到碳中和，也解決了石化原料遭壟斷的問題。」

創新價值，走沒人走過的路

時間回到 2003 年，楊美斐和廖國正夫妻倆，在外商公司工作了十多年，深刻體會到總公司和台灣有時差、語言也不同，遇到客服問題還得克服時空、語言層層轉譯困難……，做起事來事倍功半的日子，讓兩人萌生改變現狀的念頭。

於是，他們決定自立門戶，召集了一群平均年齡四十歲、志同道合的金屬加工油夥伴共同創業，創立台灣品牌的金屬加工液公司——美科科技。

創業伊始，為什麼不做市場已經相當普遍的礦物性金屬加工油，而要選擇尚為少數的植物性產品？這樣做，不是讓創業難度又更高了？

「想要在業界取得成功，就不能走分食市場上殘餘價值的路，」楊美斐直言，當時，他們的目標非常清晰，希望創新價值，走一條沒有人走過的路，因此決定直接挑戰研發植物性金屬加工液這個看似不可能完成的任務。

廖國正進一步說明，從十八世紀工業革命迄今，石油產業已經是一個發展成熟的領域，但台灣沒有油田，美科科技必須想出其他方案來取代礦物性金屬加工油，「當時市面上 95%的金屬加工油都是礦物性產品，但我觀察到，歐美等先進國家已經開始倡導使用環保植物油。」

解決台灣沒有油田的問題

透過自己的觀察體悟，廖國正相信，「環保」和「綠色」將是未來的趨勢，也是一件對的事情；尤其，使用植物油還能解決台灣沒有油田的困境，這不僅是一個未被開發的市場，也是一件可以為地球盡一份心力的好事。

然而，有心挑戰市場，也必須要有面對困境的心理準備。

「當時，市場一直不看好我們的決定，股東也因為短期看不到未來而一個接一個地離開；好不容易找到有人願意租房子給我們，房東卻又要賣掉房子，最後我們只能貸款購買。但是，我們深信，以植物原料替代石化原料是未來的趨勢，也是我們的機會，」楊美斐回憶。

從此，美科科技開始積極招募人才、建立團隊，並開始進行研

> “使用植物油能解決台灣沒有油田的困境，
> 不僅是一個未被開發的市場，
> 也是一件可以為地球盡一份心力的好事。”
> ——美科科技董事長楊美斐

發。終於，2004 年時，美科科技打造出台灣第一座植物性金屬加工油研發中心。

「我們的植物性金屬加工油已經成為市場上的領導者，並且得到廣泛的應用。我們的決定證明了，只要堅持自己的信念、努力工作，就一定能夠克服挑戰，實現自己的夢想，」楊美斐自信地說。

為廢棄食用油找到出路

所謂「時也，運也」，2014 年台灣爆發頂新劣油案風暴，看似與金屬加工油毫無關係的兩件事，卻意外成為美科科技邁向下一個里程碑的契機。

當時，美科科技意識到，可以回收廢棄食用油做為循環再利用的原物料。「我記得，那時候看到被稱為『小蜜蜂』的夜市回收廢油業者，他們將炸過鹹酥雞、排骨、雞腿等的大量廢棄食用油，回收沉澱後再賣回給小吃攤，」楊美斐直言，這個現象讓他們深受震驚，但也激發了他們的創意。

亞洲國家的飲食習慣，無論煎煮炒炸，都需要用到大量的食用油，而台灣每年平均消耗約 60 萬公噸的食用油，其中有 30%的油品因為沒有妥善回收利用而被浪費。「美科決定利用這些廢棄食用油，打造一個循環經濟的城市油田，」楊美斐語重心長地說。

他們開始研發以廢棄食用油煉製而成的生質柴油，導入切削液原料，將其轉化為金屬加工用油。通過這種方式，他們不僅解決了廢棄食用油的問題，還為循環再利用的原物料找到了出路。

政府曾經試圖推行，利用廢棄食用油做為原料，經轉化技術後生產出碳中和的生質柴油，最終卻因上下游政策沒整合，能源局暫

美科科技積極招募人才、建立團隊，並開始進行研發，於 2004 年打造出台灣第一座植物性金屬加工油研發中心。

停推動生質柴油政策。政策戛然而止，這些因為飲食習慣而遭到廢棄的油品因此斷了去處。

然而幸也不幸，食安風暴將廢棄食用油議題搬上檯面，讓有心改善環境的業者找到兼顧愛地球與商業發展的機會。

協助客戶邁向 ESG 淨零碳排之路

「美科的做法，不僅有助減少廢棄物的產生，還能夠節省原始植物油的使用，從而減少對自然資源的依賴，」楊美斐指出，「我們的努力，不僅在台灣取得成功，還成功打造循環經濟的典範，為

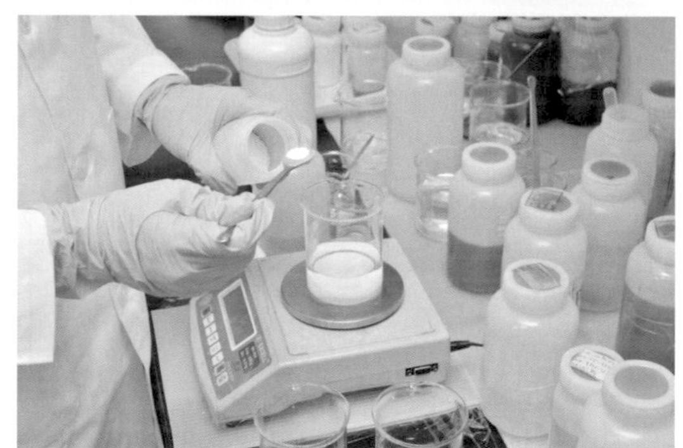

（上）美科科技董事長楊美斐表示，透過多年努力，美科證明了綠能環保、循環經濟是正確的路。

（下）成功躋身國際知名企業的戰略夥伴，促使美科科技不斷進步，讓他們的技術有機會領先同業三到五年。

其他地區提供了借鑑和參考。」

美科科技將廢棄食用油轉化為金屬加工用油，「我們的產品可以延長刀具壽命 50%以上，且相較於一般產品的生命週期，美科的植物性金屬加工液生命週期長達兩年以上，不僅減少更換刀具的次數和時間、提高整體使用效率，還減少了廢水的產出，」她進一步說明，「這些努力，有助減少浪費和廢棄物的產生，並協助客戶邁向 2050 年淨零碳排的目標。」

經過近二十年的發展，美科科技已躍居華人最大的植物性金屬加工液製造商，也是亞洲及全球最大的植物性金屬加工液製造廠，產品成功打入許多全球知名品牌供應鏈，如：美國太空探索科技公司（SpaceX）、特斯拉、蘋果、大立光、美國應用材料、CAT 等，範圍涵蓋航太、汽車、電動車、電子產品、半導體業、太陽能業、重型機具等領域。

走過創業維艱的年代，到擁有如今的成績，若問：美科科技的成功關鍵因素為何？楊美斐自我剖析：「我們的成功，得益於明確的目標和戰略。」

成為第一名的戰略夥伴

美科科技從一開始，就鎖定金字塔頂端的高階金屬加工油市場，並成功躋身許多國際知名企業的戰略夥伴，「其中，與蘋果的合作經驗尤其關鍵，讓美科意識到成為某個世界第一產品的合作夥伴的重要性，」楊美斐不諱言，這樣的合作關係不僅要求原物料採購符合歐盟規範，各項細節也都必須達到更嚴格的標準，促使美科科技不斷進步，拉大與競爭對手的差距，也讓他們的技術有機會領先同業三到五年。

一路走來，楊美斐總笑稱，自己是在做化腐朽為神奇的工作。從當年在不被看好、曲高和寡的綠色路線孤獨前行，到如今站在國際永續零碳的浪頭上，「我們證明了，綠能環保、循環經濟是一條正確的道路。」

事實上，成為「第一名」的戰略夥伴，這樣的概念，除了在綠色能源和循環經濟領域的成功，美科科技在其他領域也同樣落實。例如，在重工業油壓缸零組件市場，美科科技是全球最大油壓缸製造商的供應商之一，為其提供植物性水性切削液取代使用經年的石化切削油，在關鍵油壓缸深孔加工工序取得絕對性的性價比及品質優勢。

「科技不一定要烏煙瘴氣，我們會持續在守護地球的路上前進，回報地球一個健康生態的未來，」楊美斐充滿信心地說。

（文／朱乙真・攝影／黃鼎翔）

ESG 實踐心法

美科科技專注於植物性金屬加工液的研發與生產，是台灣第一家成功取代礦物性金屬加工油並成功完成國產替代的供應商，也是亞洲第一家成功研發植物性金屬加工液關鍵技術的製造商，打入全球五百大企業生產鏈，且所有植物性金屬加工液產品線 100%關鍵新材料技術都在台灣完成開發。目前，美科科技投入逾十億元在台灣建廠、設立研發中心，預計產值可達三十億元。這些成果，讓美科科技在 2019 年獲得「桃園市金牌企業卓越獎」的「智多星」獎項，2022 年又再拿下「隱形冠」獎項。而為了實踐 ESG，美科科技在公司治理面向，做到了：

1 原料採購使用受歐盟規範，系列產品通過 ROHS 檢驗合格，製程品保管理通過 ISO 9001、ISO 14001、OHSAS 45001 認證。

2 與廢棄食用油回收業者合作，將廢棄油品做成符合標準和規格的基底油，套入美科科技研發的植物性產品中，轉化成再生植物油。

3 串連原料、刀具、機械業者異業結盟，分享資訊、掌握市場脈動；在產品客製化研發過程中，提早處理產品優化與掌握加工工序過程中面臨的環境變動，成為公司能夠達到全面服務的關鍵。

4 導入 ERP 系統，完整保留產品履歷，以豐富的數據為基礎，做好營運管理。

信通交通器材總裁黃煌（塑像）認為企業必須對人類有貢獻，團隊秉持這種精神，進軍新能源領域。前排坐者為信通交通器材總經理黃安台。

信通交通器材

青蛙也得學自由式

堅信「創業維艱，守成必敗」，
勇於跳出舒適圈，持續轉型，
永遠為明天做好準備，
是信通交通器材屹立半世紀的關鍵。

根據統計，2022年全球生產4,840萬台機車。這麼多機車中，每年需要裝活性碳罐的約有3,000萬輛，而其中半數，也就是1,500萬輛機車上的活性碳罐，都印有一個大大的「S」。

這個S，代表的是來自台灣，總部設在桃園龍潭，產品遠銷歐美，年度營業額上看四十億元新台幣，據點橫跨歐、美、亞洲，集團員工超過一千五百人的「SENTEC」（信通交通器材公司，簡稱信通）。

放眼全球汽機車零部件產業，信通有「喊水會結凍」的執牛耳地位；明星商品機車活性碳罐，截至 2019 年總產量累積已突破一億顆，當年更以超過 1,915 萬顆的年產量，拿下產銷量全球第一。

然而，這樣一家足跡遍布全球的企業，五十五年前的創業起始點，卻是在台北市新生北路一間民宅三樓，一個僅有 1.5 坪大的小陽台，公司員工更是連同在集團內被稱為「阿公」的總裁黃煌，以及他還在念高中的兒子黃釗輝，只有三人。

想做一門可以幫助社會的事業

1929 年，黃煌出生於基隆，在台灣最顛沛動盪的時期，他做過木材廠童工、日本人經營的雜貨店夥計、車床工廠學徒及基隆海關水手，甚至到台肥公司開吊車。這些現在稱為「斜槓達人」的經歷，讓他累積了國語、台語、日語三聲帶的語言能力，又認識各行各業的朋友；光復後，國民黨曾經找他參選基隆市議員、日本人想與他合作在和平島開魚漿工廠，但他都拒絕了。

「阿公當時打算自己做生意，又因為有吃素的習慣，所以創業時便在員工餐廳提供素食，希望讓更多人有接觸吃素的機會，也透過吃素傳達健康愛地球的想法，」黃煌的孫子、現任信通總經理黃安台說，「這份愛地球的初心，一直影響阿公的事業走向。」

那是台灣百廢待興的六〇年代。當時的台灣省政府主席謝東閔推行「客廳即工廠」經濟政策，隨著中小企業開始發展，台灣街道上三輪車逐漸為計程車取代，黃煌看在眼裡，認為汽車產業前景可期，但生產汽車的資金門檻並非升斗小民能夠負擔，於是他決定從資金需求門檻低的汽車零件入手。

汽車零件這麼多，要從哪種開始？

黃安台說：「阿公認為，汽車帶來行的便利，卻也帶來汙染，如果做濾清器，既可以創業，又可以降低汙染、對人類有貢獻，一舉兩得。」

1968 年，黃煌拿出攢了好久的一百二十萬元成立信通，開始在新生北路朋友家的三樓陽台土法煉鋼，做空氣濾清器。

從嘗試錯誤中累積經驗

萬事起頭難，尤其是毫無相關背景的黃煌，他只能不斷嘗試、失敗、再嘗試、再失敗……

第一批做出來的濾清器半成品，因為小工坊設備不夠，黃煌還得向開工廠的朋友借用焊接設備。趁著農曆春節工廠放假停工，他從大年初一到元宵節都待在工廠趕工，把半成品焊接成可以販賣的商品；黃釗輝則是每天放學就在客廳幫忙，製作濾清器、包裝產品、交貨。

不過，當時信通做的濾清器，其實是「山寨版」。

「我們是用『逆向工程』來做，也就是客戶提供一個圖面，信通設法找出樣品，然後拆解、仿製，做出符合圖面，和樣品一模一樣的產品，」黃安台直言。

儘管如此，這段依樣畫葫蘆的過程，還是讓信通慢慢累積了經

“ 當戰場轉移到新能源，「人才」將是致勝關鍵。 ”

—— 信通交通器材總經理黃安台

驗。而為了幫公司爭取訂單，黃釗輝每天騎著機車，拜訪一家又一家的修理廠，單日騎乘一百公里都是家常便飯，最遠還曾在台北、員林之間當天來回。終於，信通的營運狀況漸入佳境，員工人數持續增加，工廠也從台北市的小陽台搬到土城新廠。

經過不斷努力，信通的客戶群逐漸擴展，從一開始的計程車維修廠到後來以巴士公司為主要對象。十年後，信通在北部公共運輸版圖大有斬獲，包括：公路局、台北市公車處、欣欣、大南、光華、台北客運，拿下 26 家巴士公司更換空氣濾清器的生意。

提升品質避免低價紅海

「雖然擁有不錯的成績，但阿公和爸爸知道，逆向工程的品質，永遠無法和真正的公司貨相提並論，而且不免會陷入低價競爭的僵局，」黃安台說，「面對當時坊間參差不齊的產品，爸爸知道

信通交通器材藉由累積經驗，並持續提升品質，終於讓自家產品進入國際大廠供應鏈。

信通若想殺出重圍，一定要提升品質。」

信通選擇的路，是以日商為師。

「維修廠換下的濾清器，都是來自東京濾器，客戶提供的濾清器圖面，也總有東京濾器的商標，」黃釗輝想，「東京濾器不就是我們最好的老師嗎？」

為此，黃煌、黃釗輝多次到東京取經。黃釗輝回憶：「那段時間很艱難。為了省旅費，我們去睡每晚一千五百日圓的大通鋪，肚子餓了要等百貨公司超市打烊前的促銷飯糰，但是為了讓日本人理解我們的心意，也為不失禮數，父親每次都會從台灣準備大包小包的伴手禮，導致我們兩個總是手忙腳亂地擠地鐵。」

1976 年，黃煌、黃釗輝第一次參觀東京濾器工廠。「他們兩個真的是用朝聖的心情，」黃安台記得爸爸好幾次跟他談到當時的經驗，「看到公司規模之大、設備之先進，而且環境清潔明亮，一切井然有序，信通相較之下，高下立判。」從此，東京濾器便成為信通學習的標竿企業。

而不滿足於專門做修理廠替換零組件生意的黃釗輝，心裡也有更大的夢想：把產品賣進汽車廠，加入供應鏈。

拿到躋身濾清器大廠的門票

時間進入八〇年代，黃釗輝的交通工具變了，從騎機車改為開汽車，而就在他每次從中壢下交流道要進入市區的路上，都會經過福特六和總廠。他總是一次又一次地對自己說：「有朝一日，要把信通的產品裝在福特六和的車上。」

行動派的黃釗輝，很快就到走外商路線的福特六和拜訪。櫃檯接待小姐一開口就是英文：「May I help you ？」不諳英文的黃釗輝，則用他流利的台語回答：「我是要來賣零件的。」兩人雞同鴨講。黃釗輝因為語言障礙，只能摸摸鼻子離開，但他還是持續拜訪。

幾個月後，櫃檯接待小姐終於通報採購部門，黃釗輝總算真正踏進福特六和，但最後見到真正有決策權力的開發部人員，則是在他聽了三年的「May I help you ？」之後。

那次的會面，黃釗輝帶回英文原文的機油濾清器檢測規格和手冊，如獲至寶。回到信通，他帶著一整個團隊，花了一年時間弄懂每一頁文件上的內容，接著想辦法讓信通產品達到標準。

1983 年，信通通過福特六和的供應商品質保證（SQA）評鑑，成為福特六和協力廠，這是一張成為台灣濾清器大廠的門票，也是信通敲開國產汽車市場大門的里程碑，包括福特、裕隆、中華汽車，後來都裝了信通的空氣濾清器。

九〇年代，福特汽車橫掃台灣市場，信通有 60%至 80%的營業額來自福特，生意如日中天，但黃釗輝隱隱嗅出不安因素：日本豐田取代福特的時代很快就會來臨，如果有一天福特不敵日商，信通不就沒有生意了？

提前十年做好準備

1990 年，台灣以「台灣、澎湖、金門及馬祖個別關稅領域」向關稅暨貿易總協定（GATT）提出入會申請，讓黃釗輝意識到，進口汽車關稅勢必調降，稅額的降低反映在車價上後，將刺激進口車銷量，打擊國產車發展，使國產車零組件供應市場萎縮，「信通必須再次轉型。」

信通交通器材十分關注汙染防治法規，提前十年的轉型經驗，為公司贏得技術領先優勢。

這次，信通該往哪個方向走？

當時台灣機車數量約有 130 萬台，是世界上機車密度最高的國家。1992 年，時任環保署署長趙少康雷厲風行地制定全世界最嚴格的二期環保法規，台灣成為全球第一個將小型機車排放汙染列入管制的環保先鋒，其中規定機車要裝活性碳罐及觸媒轉化器。抓緊商機，信通從汽車轉到機車市場，在龍潭新廠開發出機車專用的活性碳罐及觸媒轉化器。

2000 年開始，包含歐盟和印度等全球各國陸續導入和台灣相當的汙染防治法規，信通提前十年的「台灣經驗」為公司贏得了技術領先優勢。

謹記父親「不轉型，就滅亡」的提醒，信通交通器材總經理黃安台帶領團隊，共赴世界趨勢零排放的永續之戰。

以「跟著全球機車汙染法規」為布局策略，信通帶著機車觸媒轉換器及活性碳罐，從台灣跨進全球市場。其中，活性碳罐到現在都是信通的主要產品及集團獲利主要來源，信通在機車活性碳罐的產銷更是至今仍高居全球第一，義大利的比雅久（Piaggio）、德國 BMW、美國哈雷機車……，都是信通的客戶，並且前往中國大陸、印度和越南設廠，產銷活性碳罐。

加緊腳步，共赴永續之戰

從十七歲高中還沒畢業就跟著父親創業的黃釗輝，在 2010 年正式將公司交班給黃家第三代——黃安台、黃安正兩兄弟。當時，黃安台從美國加州聖荷西大學拿到工業工程學士學位三年後，就接下重擔，成為信通第五任總經理。

「創業維艱，守成必敗」是黃釗輝謹守四十多年的「金句」。從逆向工程、代工到設計製造，轉型在信通是個永遠不會停下腳步的議題。當汽機車產業進入新能源、電動車，信通再度面對轉型挑戰。1990 年從工研院被挖角到信通帶領研發部的吳孝忠說：「那時的情況，就是『青蛙也得學自由式』。」

2015 年 11 月 15 日，正在享受退休生活的黃釗輝，突然取消和朋友的高爾夫球球敘，開著當時還沒正式進入台灣，仍屬非常罕見的特斯拉（Tesla）到信通龍潭總部。

「當時大家正在開研討會，爸爸召集幹部，一起見識這台傳說中的電動車，」黃安台對那天的情景，至今仍然印象深刻。

「大家對特斯拉品頭論足一番還合影留念後，爸爸請主管打開車前方的引擎蓋，結果是行李箱；再打開後車廂想看馬達，結果還是行李箱，根本找不到內燃機。爸爸請大家想想，以後信通還可以做什麼？」黃安台邊說邊搖頭，「沒人答得出來。」

吳孝忠當時也在現場，他笑著回憶：「董事長（黃釗輝）對大家說：『什麼都不用做了！當電動車時代來臨，信通現有的產品，電動車都不需要，信通再也無事可做。』」

原來，眼看著 2015 年聯合國氣候峰會上，德國、英國、荷蘭、挪威、美國等國家組成的「零排放車輛聯盟」，承諾 2050 年聯盟國家不再銷售燃油車，但信通還在做汽油排放廢氣車輛的事業，黃釗輝心急不已。黃安台坦言：「爸爸那天丟下了『不轉型，就滅亡』的震撼彈，其實有點像當頭棒喝，給了我們明確的方向，帶著信通團隊加緊腳步，共赴這場永續之戰。」

擁抱市場，華麗轉身

這次，由黃安台、黃安正帶領信通尋找新方向。兄弟倆先評估電動車市場有哪些是信通有機會介入的？信通現階段的技術又有哪些可以應用？

黃安台認為，當戰場轉移到新能源，信通需要不一樣的戰術，而「人才」將是決勝關鍵。於是，信通大舉招募機電專業人員，成立新能源產品開發團隊，制訂轉型新能源策略規劃集中長期計畫，並將目標鎖定信通擅長的機車零組件，選擇電動機車的馬達及馬達控制器兩項產品。

「從 2015 年一路走到現在，終於在今（2023）年開始導入量產。現在 Gogoro 控制馬達出力的把手（油門控制器），就是信通的產品，」採訪過程中總是拘謹的黃安台，至此總算露出燦爛的笑容，指著信通集團總部展示廳一台小小的微型電動車，說：「那是我們下一個目標。」

看好低價（不到五十萬元）、適合都會區短程運輸的微型電動車，在中國大陸、歐洲、印度、東南亞，甚至南美洲的市場潛力，信通目前正在研發微型車的馬達控制器和引擎，「相信當微型車成為全球車廠兵家必爭之地時，信通已經做好準備，將再度以『台灣經驗』擁抱市場，華麗轉身，」黃安台自信地說。

（文／朱乙真．攝影／關立衡）

ESG 實踐心法

1968年成立的信通交通器材，主要產品為空氣濾清器、活性碳罐、觸媒轉化器，產品遠銷歐美，年營業額上看四十億元，據點橫跨歐、美、亞洲。2019 年，信通的明星商品機車活性碳罐，以年產量 1,915 萬顆拿下產銷量全球第一的成績，同年又開始發展車用機電及電子事業；2021 年，信通與半導體製造商達爾（Diodes）合資成立達信綠能科技公司，投入電動車零組件市場，並在 2022 年獲得「桃園市金牌企業卓越獎」中「新人王」獎項的肯定。而為了實踐 ESG，信通在公司治理面向做到了：

1 跟隨各國汙染法規動向發展、轉型，包括：1992 年台灣二期環保法規、全球各國汙染防治法、歐盟將在 2035 年禁止銷售燃油車等。

2 建置「經營會議」決策模式，由董事長、總經理、兩位董事與一位協理組成五人決策小組，所有重大決策都必須透過經營會議決定，使信通避開風險，提高企業經營與投資的安全指數。

3 設立專利申請獎勵機制，鼓勵員工將研發成果轉化為智慧財產權，帶動公司產品與技術的研發與創新。目前，信通已經在台灣、中國大陸、美國、日本、歐洲、越南申請 168 項專利。

財經企管 BCB811

與未來共榮
ESG企業的思維與實踐

作者——陳筱君、林惠君、陳培思、朱乙真

企劃出版部總編輯——李桂芬
主編——羅玳珊
責任編輯——李美貞（特約）
封面設計——陳亭羽
內頁排版——劉雅文（特約）
攝影——林衍億、黃鼎翔、蔡孝如、賴永祥、闕立衡
圖片來源——桃園市政府、Shutterstock、日益能源科技、源鮮農業生技、滿庭芳床業、台達電子

出版者——遠見天下文化出版股份有限公司
創辦人——高希均、王力行
遠見．天下文化 事業群榮譽董事長——高希均
遠見．天下文化 事業群董事長——王力行
天下文化社長——林天來
國際事務開發部兼版權中心總監——潘欣
法律顧問——理律法律事務所陳長文律師
著作權顧問——魏啟翔律師
社址——臺北市 104 松江路 93 巷 1 號
讀者服務專線——02-2662-0012 ｜傳真——02-2662-0007；02-2662-0009
電子郵件信箱——cwpc@cwgv.com.tw
直接郵撥帳號——1326703-6 號　遠見天下文化出版股份有限公司

製版廠——中原造像股份有限公司
印刷廠——中原造像股份有限公司
裝訂廠——中原造像股份有限公司
登記證——局版台業字第 2517 號
總經銷——大和書報圖書股份有限公司｜電話——02-8990-2588
出版日期——2023 年 9 月 23 日第一版第一次印行

定價——480 元
ISBN——978-626-355-388-0 ｜ EISBN — 9786263554016 (EPUB)；9786263554023 （PDF）
書號——BCB811
天下文化官網——bookzone.cwgv.com.tw

國家圖書館出版品預行編目 (CIP) 資料

與未來共榮：ESG企業的思維與實踐/陳筱君, 林惠君, 陳培思, 朱乙真著. -- 第一版. -- 臺北市：遠見天下文化出版股份有限公司, 2023.09
面；　公分. -- (財經企管；BCB811)
ISBN 978-626-355-388-0(平裝)

1.CST: 企業社會學 2.CST: 企業經營 3.CST: 永續發展

490.15　　112013849

天下文化
BELIEVE IN READING